上海出版资金项目
Shanghai Publishing Funds

"十三五"国家重点出版物出版规划项目
食品安全社会共治研究丛书
丛书主编　于杨曜

# 食品安全保障实务研究

刘少伟　编著

华东理工大学出版社
EAST CHINA UNIVERSITY OF SCIENCE AND TECHNOLOGY PRESS
·上海·

上海高校服务国家重大战略出版工程资助项目

**图书在版编目(CIP)数据**

食品安全保障实务研究/刘少伟编著. —上海：
华东理工大学出版社,2019.5
(食品安全社会共治研究丛书)
ISBN 978－7－5628－5332－9

Ⅰ.①食… Ⅱ.①刘… Ⅲ.①食品安全—监管机制—
研究—中国 Ⅳ.①TS201.6

中国版本图书馆 CIP 数据核字(2019)第 076109 号

⋯⋯⋯⋯⋯⋯⋯⋯⋯⋯⋯⋯⋯⋯⋯⋯⋯⋯⋯⋯⋯⋯⋯⋯⋯⋯⋯⋯⋯⋯⋯⋯

项目统筹 / 马夫娇
责任编辑 / 韩　婷
装帧设计 / 吴佳斐
出版发行 / 华东理工大学出版社有限公司
　　　　　地址：上海市梅陇路 130 号,200237
　　　　　电话：021－64250306
　　　　　网址：www.ecustpress.cn
　　　　　邮箱：zongbianban@ecustpress.cn
印　　刷 / 上海中华商务联合印刷有限公司
开　　本 / 710 mm×1000 mm　1/16
印　　张 / 15.5
字　　数 / 251 千字
版　　次 / 2019 年 5 月第 1 版
印　　次 / 2019 年 5 月第 1 次
定　　价 / 168.00 元

⋯⋯⋯⋯⋯⋯⋯⋯⋯⋯⋯⋯⋯⋯⋯⋯⋯⋯⋯⋯⋯⋯⋯⋯⋯⋯⋯⋯⋯⋯⋯⋯

# 前　言
*foreword*

　　"民以食为天,食以安为先",食品是人类最直接、最重要的能量和营养素来源,支撑人类的健康、生存与发展。不安全的食品摄入,可导致人类发生各种各样的疾病。食品的安全关系到人的生存与健康。因此,保障食品安全就是保护人类的健康、生存与发展。

　　同世界其他国家一样,目前,由致病微生物和其他有毒、有害因素引起的食物中毒和食源性疾病是对我国食品安全构成的最明显威胁。特别是近年来,一些企业无视国家法律,唯利是图,在食品生产加工过程中不按标准生产,偷工减料、掺杂使假、以假充真,滥用添加剂,使用非食品原料、发霉变质原料加工食品,致使重大食品安全事故屡有发生,直接危害了人民群众的健康安全,严重打击了广大消费者的消费心理。人们对食品问题密切关注,食品安全问题构成了社会反映强烈的热点。

　　然而,我国的食品供应体系主要是围绕解决食品供给量问题而建立起来的,对于食品安全的关注程度仍然不足。我国食品行业在原料供给、生产环境、加工、包装、贮存运输及食品检验等环节的安全管理上,都存在严重缺失。无论从食品安全的风险检测和评估,还是从食品标准法规的建立而言,都无法满足人们对食品安全的要求,缺乏完善的保障体系来保证食品安全。

　　本书围绕食品安全风险监测、食品安全风险评估、食品安全风险控制、食品安全风险预警、食品安全检验等方面展开讨论。通过对这几个方面的梳理,整理现阶段我国食品安全保障的发展程度,为进一步完善我国食品安全保障体系提供一定的思路。

　　食品安全风险的监测、评估、控制、预警、检验是现代食品安全保障体系的重要特征与组成部分。《食品安全法》规定,国家建立食品安全风险监测制度,对食源性疾病、食品污染以及食品中的有害因素进行监测;国家建立食品安全风险评估制度,对食品、食品添加剂中生物性、化学性和物理性危害进行风险评估。目前,食品污染物和有害因素监测网、食源性致病菌监测网,已经对食品中的农药残留、兽药残留、重金属、生物毒素、食品添加剂、非法添加物质、食源性致病微生物等方面的百余项指标开展监测,初步掌握了我国主要食品中化学污染物和食源性致病菌污染的基本状况。另外,我国还成立了国家食品安全风险评估专家委员会和农产品质量安全风险评估专家委员会,开展主要食品和食用农产品中重金属和农药兽药残留的风险评估。从 2013 年起,国务院机构改革提出了新的监管组织体系。近年来,我国还加大了食品安全检测体系的建设,这些都是我国在保障食品安全方面做出的努力。

本书在编写过程中,参阅了国内外有关专家的论著、资料,但由于食品安全保障体系庞大,发展迅速,加之编者水平和能力有限,书中难免存在不足之处,敬请读者批评指正,以便进一步修改完善。

刘少伟

2018 年 7 月

# 目 录
*contents*

# 第一章 导　论

食品，指各种供人食用或者饮用的成品和原料以及按照传统既是食品又是药品的物品，但是食品不包括以治疗为目的的物品。食品作为人类生存所需的基本物质，其属性包括：

（1）具有一定的营养成分与营养价值；

（2）在正常摄入条件下，不应对人体产生有害影响；

（3）具有良好的感官性状，如色、香、味、外形及硬度等，符合人们长期形成的概念，即食品应当具有良好的营养性、安全性和感官特点。

随着食品工业的发展，食品原料和食品资源越来越丰富，新出现了一些不以"营养"为诉求的食品类型，例如口香糖、白酒等。因此，在食品的上述3个属性中，安全性是唯一没有弹性、任何食品必须具备的基本特点。

食品是人类最直接、最重要的能量和营养素来源，支撑着人类的健康、生存与发展。不安全的食品摄入，可能会导致人类出现各种各样的疾病，食品安全问题已经成为影响居民健康水平的重大公共卫生问题。合理界定"食品安全"的概念，对于食品安全相关问题的研究、管理与处理具有重要意义。

# 第一节 食 品 安 全

食品安全是关乎人民群众的身体健康和生命安全的重大民生问题。

1974 年，联合国粮农组织提出了"食品安全"的概念。从广义上来讲，主要包括三个方面的内容。从数量上看，国家能够提供给公众足够的食物，满足社会稳定的基本需要；从卫生安全角度看，食品对人体健康不应造成任何危害，并能获取充足的营养；从发展上看，食品的获得要注重生态环境的良好保护和资源利用的可持续性。

我国食品安全法规定的"食品安全"，是指食品无毒、无害，符合应当有的营养要求，对人体健康不造成任何急性、亚急性或者慢性危害。食品安全法所定义的狭义的食品安全概念，是出于既能满足需求，又可以维护可持续意义上的食品安全是由农业法和环境保护法等法律进行规范的考量。

我国《重大食品安全事故应急预案》中将食品安全定义为：食品中不应包含有可能损害或威胁人体健康的有毒、有害物质或不安全因素，不可导致消费者急性、慢性中毒或感染疾病，不能产生危及消费者及其后代健康的隐患。该定义是在《中华人民共和国食品安全法》（以下简称《食品安全法》）的基础上，对食品的基本属性更进一步的描述。食品在满足基本属性的同时，被不可避免地通过环境、生产设备、操作人员、包装材料等带入一定的污染物，包括重金属污染、农药残留、生物性污染物、化学性污染物等，但这些污染物在食品中的含量是有限制的，即在食品安全国家标准规定范围之内。食品安全国家标准制定的根据就是按照通常的使用量和使用方法，不对人体产生急、慢性和蓄积毒性的科学数据。

民以食为天，食以安为先。我国当前食品安全的总体状况已经得到了很大改善，但是仍然存在问题，食品安全事件不断发生，食品安全违法行为屡禁不止，这些问题的存在严重影响了消费者对食品安全的信心，也影响了食品行业的健康发展。因此，消费者对食品安全的信心需要完善的食品安全法律体系和监管体系来保障[1]。

目前我国食品安全法律体系的整体性不足[2]。《食品安全法》是食品安全法治系统的核心要素，其他法律、法规作为补充要素应当与核心要素相协调配合，共同形成一个严密的食品安全法网。同时，还要加快配套的行政法规和地方性法规的立法进程。

当前我国有关食品安全类型的法律 30 余部，法规或部门规章 100 余部。随着市场发展和食品多样化、复杂化，我国关于食品安全的法律法规及有关生产标准、监督管理规定等必然要加速制定的节奏。

我国先后发布食品安全相关法律、法规、条例等，这些法律、法规、条例等均以《中华人民共和国食品安全法》为中心，为保障食品安全提供了基本法律依据。我国食品安全相关的法律较多，主要有《中华人民共和国食品安全法》《中华人民共和国农产品质量安全法》《中华人民共和国产品质量法》《流通领域食品安全管理办法》等。同时，一些相关的办法、条例、规范等也相继出台，例如《中华人民共和国食品安全法实施条例》《粮食流通管理条例》《散装食品卫生管理规范》《食品卫生许可证管理办法》《进口食品卫生管理》《出口食品质量管理》《水产养殖质量安全管理规定》《食品生产加工企业质量安全监督管理办法》等。这些法律、法规、条例和办法的颁布实施，逐渐完善了我国食品安全法律体系[3]。

有关危害食品安全犯罪的立法有：《刑法》《关于办理危害食品安全刑事案件适用法律若干问题的解释》《食品安全法》《标准化法》《产品质量法》《食品安全法实施条例》《标准化法实施条例》《动植物检疫检验法》《消费者权益保护法》等。这些法律的制定和实施，从多个角度完善了食品安全的立法工作。

然而，完善食品安全治理不仅仅要求立法健全，更需要具有整体性的食品安全机构体系进行监管。各食品安全监管机构应形成统一、高效、专业的有机体，建立统一的监管模式，强化和落实地方政府的食品安全监管责任，加强基层食品安全监管机构的能力等[4-6]。

完善食品安全监督管理机制，构建全程覆盖、高效运转的监管格局，对于预防食品安全事件具有重大意义[7,8]。我国食品安全监督管理体系中各部门的主要职责是保证食品安全相关法律、法规、条例等顺利实施，同时，这些法律、国家标准也是其执法和保障食品安全的工具。这些法律主要包括《食品安全监管执法协调协作制度》《新食品原料申报与受理规定》《新食品原料安全性审查规程》《食品生产企业安全生产监督管理暂行规定》《关于进一步加强对超过保质期食品监管工作的通知》《食品生产加工企业质量安全监督管理实施细则（试行）》《食品添加剂生产监督管理规定》等[3]。

此外，原国家食品药品监督管理总局印发的食品生产许可审查细则从发证的产品范围、生产设备、产品标准、原材料、生产流程、关键控制点等容易出现质量安全问题的点进行审查，对企业每年的检验次数和产品抽样均作了详细的规定。

## 第二节　食品安全保障

通过界定食品安全的概念，以及对食品安全概念的解析，不难发现，食品安全保障，实质上是紧紧围绕保证食品被消费者食用后不产生健康危害。

它从食品安全法律、食品安全监测、食品安全评估、食品安全控制、食品安全预警以及食品安全检验等多个方面保障食品安全，并形成了较为完善的食品安全保障体系。

### 一、食品安全监测

食品安全风险监测能够帮助了解我国食品中主要污染物和有害因素的污染水平和趋势，确定危害因素的分布和来源，便于掌握我国食品安全的状况，对发现并解决食品安全隐患有重要意义。食品安全风险监测对评价一个食品生产经营企业对污染的控制水平、执行食品安全标准的情况提供科学依据，为食品安全风险评估、风险预警、标准制（修）订和采取具有针对性的监管措施提供科学依据。便于了解我国食源性疾病的发病及流行趋势，提高食源性疾病的预警与控制能力[9,10]。

通过风险监测，了解掌握国家或地区特定食品或特定污染物的水平，掌握污染物变化趋势，开展风险评估并适时制定修订食品安全标准，指导食品生产经营企业做好食品安全管理。风险监测也能从侧面反映一个地区食品安全监管工作的水平，指导确定监督抽检重点领域，评价干预实施效果，为政府食品安全监管提供科学信息。食品安全风险监测为食品安全风险评估、风险预警、风险交流和标准制（修）订提供科学数据和实践经验，这是实施食品安全监督管理的重要手段，在食品安全风险治理体系中具有不可替代的作用。

我国食品安全风险监测网逐步健全。监测网络从国家、省（自治区、直辖市）、市、县延伸到了乡村，涉及老百姓餐桌上所有食品（30 大类），包括食品中绝大多数指标（300 余项），建立了约 2 000 万个数据的食品污染大数据库。现阶段，以食源性疾病监测为"抓手"，在全国 9 774 家医院建立哨点，初步掌握了我国食源性疾病的分布及流行趋势[11,12]。

## 二、食品安全评估

食品安全风险评估指的是对食品、食品添加剂中生物性、化学性和物理性危害对人体健康可能造成的不良影响所进行的科学评估。食品安全风险评估是在国际上通行的制定食品法规、标准和政策措施的基础[13]。在食品安全风险监测体系持续优化的基础上，我国持续展开食品安全风险评估，并取得了新成效。

我国食品安全风险评估工作从无到有，其中的稀土元素风险评估结果填补了国际空白，科学解决了稀土元素在茶叶等食品中的限量标准问题；食盐加碘评估提出了进一步精准实施"因地制宜、分类补碘"措施的科学建议等，也为及时发现处置食品安全隐患和正确传播食品安全知识提供了有效的技术支撑[14]。

食品安全风险评估不仅是国际通行做法，也是我国应对日益严峻的食品安全形势的重要经验；食品安全风险评估可以为国务院卫生行政部门和有关食品安全监督部门决策提供科学依据，对于制定和修改食品安全标准和提高有关部门的监督管理效率都能发挥积极作用，对于在 WTO 框架协议下开展国际食品贸易有重大意义；食品安全风险评估是进行食品安全管理由末端控制向风险控制转变，由经验主导向科学主导转变。

## 三、食品安全控制

保障食品安全，在整个食品供应链中贯穿风险控制与预防至关重要。控制食品安全风险，建立"从农田到餐桌"的综合食品安全控制制度显得尤为重要。食品安全标准则是我国的强制性标准，是保证食品安全、保障公众健康的重要措施，有利于实现我国食品安全科学管理、强化各环节监管，对规范食品安全生产经营、促进食品行业健康发展提供了技术保障，食品安全标准是进行风险交流的科学依据，是执法的前提[7,15]。

十八大以来，我国食品安全标准取得了显著成效。构建并完善与国际接轨的食品安全国家标准框架体系，全面完成了 5 000 多项食品标准的清理整合，发布实施了 1 200 多项食品安全国家标准，涵盖 1 万多项参数指标，构建了一整套较为完善的、与国际接轨的食品安全国家标准框架体系，主要包括《食品安全国家标准管理办法》《食品安全国家标准跟踪评价规范（试行）》等。在国家食品安全标准目录中，食品原料标准约 200 项，食品安全地方标准约 10 项，食品添加剂标准约 400 项。标准体系的建立意味着食品的生产更加规范安全，生产企业有着严格的遵循标准[3]。

市场情况复杂多变，为了应对这种情况，《食品安全企业标准备案办法》要求没有食品安全国家标准、地方标准，或其生产标准高于国家标准或者地方标准的食品生产企业制定企业标准，并在组织生产之前向省、自治区、直辖市卫生行政部门备案，有效期为 3 年。如盐城市供销食品厂的腌制生食动物性水产品系列，江苏香滋味槟榔有限公司的食用槟榔等。

《食品安全法》公布实施前，我国已有食品、食品添加剂、食品相关产品等国家标准 2 000 多项，行业标准 2 900 多项，地方标准 1 200 多项，基本建立了以国家标准为核心，行业标准、地方标准和企业标准为补充的食品标准体系。《食品安全法》公布实施后，相关部门对以前的标准整理、整合，重新统一国家食品安全标准，目前已公布的标准约 300 项。

### 四、食品安全预警

逐步建立我国食品安全预警和应急管理系统，及时对食品安全事件进行预警，防止食品安全事态扩大；相关部门应当具备处理食品安全突发事件的能力和技术储备，在食品安全事件发生前、中、后期，及时预警、适度处理、总结归档以预防未来食品安全事件发生[7,9]。

我国已初步建立食品安全预警系统，包括食源性疾病监测网、食源性危害监测网、天然毒素监测网等对食品加工过程存在的不安全因素进行量化和定性分析；进行人群中微生物、病毒危害的流行性预测预报，对致病菌在食物中的存在量进行分析，并就一段时期内哪种疾病发生率可能会升高进行预告；同时对进出口食品进行风险预警[16,17]。

食品安全与国计民生息息相关，为人民提供安全的食品是政府应尽的义务，因此，我们应当在厘清食品安全概念的前提下，建立食品安全保障体系，保证食品被消费者食用后，没有相关健康危害发生。

## 五、食品安全检验

十八大以来，我国食品安全检验技术的进步取得了显著成效，食品安全基础研究工作进一步深入。在国家重大科技专项、科技支撑计划等重大项目的支持下，研发了一批具有我国自主知识产权的技术、设备和我国食品安全监管急需的检测技术。然而，对食品安全及其技术支撑工作提出的新挑战和新要求，随着时代的发展和人民群众日益增长的美好生活的需要逐渐出现。

我国食品质量检验检测的体系方面有待完善。检验检测技术水平薄弱，未建立健全完善的食品检验检测体系，这使得一些方法的应用无法科学呈现。从当前的标准食品检验检测的体系操作流程看，很多食品是在农田生产后再进行加工的，在具体的食品检验检测的工作上容易流于形式，使得一些没有达到标准的食品混入其中。根据实际的检测标准来看，一个科学完整的食品检测体系要能从多方面进行覆盖。而现实是，体制的制度健全方面还存在着相应的问题，如在检测过程中还受到人力以及物力层面的限制，食品的风险检测评估机制未完善等，这无法保障食品的安全性。此外，一些食品企业设立了自己的产品质检部门，但是在利益的驱使下，弱化了质检部门的实际作用，造成食品不合格的问题日渐突出。

食品检测方式存在一定的差异，食品的检测也没有形成统一标准，这为实际工作带来了很大的问题。不仅如此，食品的检验检测机构在力量上相对薄弱，和一些发达的国家比较，食品的检验检测在人员以及技术层面都存在很大的差异性。

我国的食品检验检测体系没有完全适应我国当前的经济发展需要，对食品检测信息的共享以及互补等也不能有效满足检测的实际需要。食品检测检验实验室的资质管理有不合理之处，在技术能力以及质量保证层面都需要进一步提升。在食品检验检测实验室资质管理结果认定层面缺乏全面统一的认定管理制度等[18]。

针对这些问题，我国现阶段的重点是注重监管的科学性和实效性，力求

"用科学数据说话"，充分发挥科学研究和技术支撑在食品安全治理中的作用。

第一，成立国家食品安全科学研究院。为深入贯彻党的十九大关于"加快建设创新型国家"，进一步提升我国食品安全科技创新能力和技术支撑水平，应坚决从源头上、体制上、根本上解决问题。整合现有国家级食品安全技术支撑机构，建设统一、全面、权威、科学的国家级食品安全科学研究院（科研事业单位），负责研究解决食品安全领域基础性、前瞻性的重大科技难题和关键技术问题。

第二，加强食品安全技术支撑人才队伍建设。进一步加大食品安全技术支撑领域的人力资源投入，以国家需求为导向，引进和培养食品安全技术支撑领军人才。注重青年人才培养，促进人才可持续发展。

第三，充分加强对食品检验检测体系的网络化建设。网络化的建设能够有效提升食品检验检测的工作效率，也能够有效实现食品检验检测机构的发展目标。进一步发展和完善食品检验检测的标准和技术手段，任何体系的建设都和标准化建设有着紧密联系，所以从标准上加强我国食品检验检测体系的建设，从源头有效控制，对食品生产及加工、销售等重要的环节加强质量控制[19-22]。

我国在食品检验检测的体系建设方面的重点是实施行政执法检验检测机构的改革，从多方面保证食品检验检测的质量水平。这需要建立以食品安全为核心，与本部门监管职责得到有效结合，满足全过程的管理体系，充分加强检验检测网络化制度的建设，提升食品检验检测的各方面能力。通过严格的资质审核建立食品检验检测市场的进入制度、退出制度，有效提升我国的食品检验检测能力。

针对食品安全保障体系，本书从食品安全风险监测、食品安全风险评估、食品安全风险控制、食品安全风险预警、食品安全检验五个方面对食品安全与风险进行阐述，旨在系统地预防食品安全问题，保证食品"从农田到餐桌"的全过程。

# 第二章　食品安全风险监测

# 第一节　食品安全风险监测意义

食品安全风险监测是无间断地和系统地收集食品中有害因素、食源性疾病、食品污染等相关数据信息，并通过卫生学原理及其方法、医学方法进行检测，并依次掌握我国总体的食品安全状况，能够及时地发现食品安全隐患[21]。

## 一、食品安全风险监测的内容

国家建立食品安全风险监测制度，主要对以下三类内容进行监测[22,23]。

1. 食源性疾病

食源性疾病，是受食品中的致病因素影响，从而导致人体引发的感染性、中毒性等疾病，常见的食源性疾病主要有食品中毒、寄生虫病、肠道传染病、人畜共患传染病、化学类的有毒害物引发的疾病。食源性疾病的监测主要有三大类，分别为食源性疾病主动监测、疑似食源性异常病例（异常健康事件）监测和食源性疾病（包括食物中毒）报告。食源性疾病主动监测主要分为哨点医院监测、实验室监测以及流行病学调查三部分。疑似食源性的异常病例（又称为异常健康事件）监测，指的是与食品有关联的异常病例、异常的健康事件。食源性疾病（同时包括食物中毒）报告，指的是所有调查处置完毕后，对食源性疾病（也包括食物中毒）事件的相关报告。食源性疾病有几大特征：暴发性、地区性、散发性以及季节性，其发病率位居各个种类疾病总的发病率前列，在全世界范围内，食源性疾病都是一个日趋严重的食品安全以及公共卫生的问题。

2. 食品污染

食品污染指的是食品及其原料在生产、加工、运输、包装、贮存、销售、烹调等过程中，受农业、废水、污水、病虫害和家畜疫病污染，受霉菌毒素引起的霉变，以及受运输、包装材料中有毒物质等对食品所造成的污染的总称。食品污染可分为三大类：生物性污染、化学性污染以及物理性污染。目前，食品污染监测包括常规监测和专项监测两类。常规监测的目的主要有 3 个：① 了解我国食品中污染物总体的污染情况及其污染的趋势；② 为食品安全的风险评估、标准的制（修）订提供重要的监测数据依据；③ 对食品安全中的一些隐患起到警示作用。专项监测的目的主要是能及时地发现食品中的安全隐患，为食品安全监管提供线索。食品中化学污染物和有害因素监测、食品微生物及其致病因子监测以及食品放射性物质监测在分类以及监测内容上都有了显著变化，常规监测食品类别与内容逐渐完善，专项监测内容逐渐增加。化学污染物和有害因素专项监测中，除 28 大类食品之外，还包括食品添加剂、加工中使用明胶的食品、食品包装材料及餐饮具、餐饮食品、保健食品等相关产品共 13 大类，监测的危害类型也扩大为农药残留、有害元素、生物毒素、食品添加剂、禁用药物、非法添加物和包装材料迁移物等指标[24]。在食品微生物、其致病因子的专项监测中，拓展其婴儿配方食品生产加工过程和城市流动早餐点的相关微生物指标，以及对葡萄球菌肠毒素的监测。食品中放射性物质监测将监测点拓展到核电站周边范围食品中放射性水平监测。

3. 食品中的有害因素

与食品污染监测一样，目前对食品中有害因素的监测也分为两类：常规监测和专项监测。按其来源，可将其可能存在的有害因素分为 3 类：① 食品污染物，这类污染物主要是在食品的生产、加工、储存、运输、销售等过程中混入食品中的；② 食品本身天然存在的有害物质，如天然存在于大豆中的蛋白酶抑制剂；③ 加工、保藏过程中产生的有害物质，如产生于酿酒过程中的甲醇、杂醇油等有害成分。

## 二、食品安全风险监测意义

食品安全风险监测从其功能来说，主要有 4 个方面[9]：① 更全面地了解食品受污染的状况和趋势；② 发现食品中的安全隐患，协助确定需要重点监管的食品及环节，为监督工作提供科学的依据；③ 为风险评估、标准制定修订提供基础数据；④ 了解食源性疾病发生情况，以便早期识别和防控食源性疾病。

食品安全风险监测主要有三个目的[25]。

（1）了解我国食品中有害因素的污染水平和趋势及其主要污染物，确定次危害因素可能的来源及其分布状况，掌握我国食品安全现状，并及时发现食品安全隐患。同时，评价食品生产经营企业对污染控制的水平以及对食品安全标准的执行效力，为食品安全的风险评估、风险预警、标准的制（修）订以及采取具有针对性的监管措施，提供相关的科学依据。了解我国食源性疾病的发病及流行趋势，提高食源性疾病的预警与控制能力。

（2）了解并掌握我国、地区特定的食品或特定的污染物水平，掌握该污染物的变化趋势，开展风险评估并制定（修订）适时的食品安全标准，指导相关的食品生产经营企业做好食品安全管理。

（3）风险监测工作，能从侧面反映一个地区的食品安全监管工作水平，指导确定监督抽检重点领域，评价干预实施效果，为政府食品安全监管提供科学信息。

食品安全风险监测能够为食品安全的风险评估、预警、交流和食品安全标准的制定提供科学数据和实践经验，是实施食品安全监督管理的重要手段，在食品安全风险治理体系中具有不可替代的作用[26]。

同时，食品安全风险监测也为食品安全监管、风险评估以及其标准的制（修）订提供依据，是食品安全保障的基础，承担着为政府提供技术决策、技术服务和技术咨询的重要职能[27]。相比较普通的执法监督抽检，其主要具有以下几点特性：① 主要为风险评估、标准制定及食品安全总体状况的评价等提供科学依据，其检测结果不直接用于食品安全监管执法；② 检测内容不仅包括标准内项目，同时也包括潜在的未纳入标准的污染物；③ 要求具有一定的代表性，采样时通常随机采样；④ 对方法的灵敏度要求高，通常使用最灵敏的方法，且其结果要出具体数值。

# 第二节　食品安全风险监测的技术方法

## 一、监测重点区域与地方特色监测系统

在对历年的风险监测数据进行分析后，划分出了三大重点的风险监测区域：① 农产品的主产区、食品加工业的聚集区、食品/农产品批发市场、农村集贸市场、城乡接合部等区域；② 学校食堂、旅游景区、铁路车站等就餐人员密集场所，以及如农村集体聚餐等场景；③ 可以销售食品的网络

平台。

目前，各个省市区及地方政府也从实际出发，形成具有地方特色的风险监测系统。如，四川省开展了餐饮从业人员带菌状况监测；上海市开展在校学生腹泻缺课监测；北京市开展单核增李斯特菌专项监测等；河南省、山东省、北京市和太原市开展对网购食品的风险监测[28]，不仅包括风险食品的监测，还有风险致病因子、化学污染物和有害因素以及食品包装的监测。这些具有地方特色的风险监测系统，不仅是建立在监测需求之上，为地方食品安全监管提供了技术依据，同时也为建立地方性食源性疾病的溯源管理积累了数据[29]。

## 二、风险监测数据库

目前，国家食品安全风险监测数据库主要分为"全国食品污染物监测数据汇总系统"及"全国食源性致病菌监测数据汇总系统"两大类[30]。

1. 全国食品污染物监测数据汇总系统

依托 1 个国家级、31 个省级、288 个地市级监测技术机构组成的食品化学污染物和有害因素监测网。根据《中华人民共和国食品安全法》及其实施条例和卫计委等 6 部门联合发布的《食品安全风险监测管理规定（试行）》，卫计委、工业和信息化部、商务部、工商总局、质检总局和食品安全监管部门联合制订当年国家食品安全风险监测计划。各监测技术机构负责实施中的组织管理和质量控制，并按计划要求及时上报食品化学污染物监测数据。各省级卫生行政部门要依照《食品安全法》，及时向相关部门通报食品安全风险监测结果。国家对各省上报的数据进行审核、统计和分析，对有问题的数据进行再次核准，并组织扩大规模的专项监测。最后对确实存在的问题及时上报上级主管机构。

2. 全国食源性致病菌监测数据汇总系统

依托于 1 个国家级、31 个省级、226 个地市级和 50 个县级别的监测技术机构组成的食源性致病菌监测网，对食品中农药残留、兽药残留、重金属、生物毒素、食品添加剂、非法添加物质、食源性致病生物等 154 项指标开展监测，初步掌握了我国主要食品中化学污染物和食源性致病菌污染的基本状况，系统业务流程与全国食品化学污染物监测数据汇总系统相似。

目前全国食源性致病菌监测系统主要架构为"四级网络、三级平台"。"四级网络"即为建立联通县、市、省、国家四级食源性疾病监测和溯源网络，"三级平台"即在市、省、国家建立三级食源性疾病监测数据和信息综合分析平台。各级卫生行政部门负责食源性疾病监测工作的组织管理，并借助国家食品安全风险评估中心、医疗机构和疾病预防控制机构的技术力量，建立健全涵盖国家、省（自治区、直辖市）、市、县，乃至农村地区的食源性疾病监测报告网络，医疗和疾控机构分别承担食源性疾病的监测、溯源工作。通过对哨点医院监测、实验室监测和流行病学调查，从而进行食源性疾病监测[31]。下面对这三个内容进行简要介绍。

1. 哨点医院监测

在明确食源性疾病中，食源性疾病患者的主要临床症状和体征、潜伏期、持续时间、临检结果及有无其他相似患者等指标是主要判断指标。而病人饮食史对于判断发现食源性疾病的致病因素至关重要，而哨点医院监测则是食源性疾病监测的核心。同时，哨点医院监测可为掌握我国主要的食源性疾病病原在不同地区及人群中的分布，了解单病种食源性疾病的疾病负担，研究食源性疾病的流行规律、制定防控策略提供基础数据和科学依据[32]。

各级卫生行政部门要加强对食源性疾病监测报告程序和效率的监管，明确和细化报告责任者及职责义务，将医疗机构纳入监测网络，提高食源性疾病诊断和实验室检验能力。逐步建立涵盖我国各级综合医院、儿童医院、乡镇（社区）卫生院等医疗机构的哨点医院监测网络，依法主动收集和报告食源性疾病病人的基本情况、症状与体征、治疗情况、饮食史等流行病学信息及粪便或肛拭等生物标本的临检结果。

2. 实验室监测

及时的实验室检验是确定病因的主要技术手段，同时，还有助于确证食源性疾病暴发的病因食品和传染源线索。在食源性疾病主动监测和控制中，实验室的作用不局限于检测和提供病原学确证，或者说仅仅为了诊断，而是要对病原体进行深入分析，通过分子分型技术鉴定不同疾病暴发以及可能的一次暴发中来自病例和可疑食品、媒介、环境等的病原体的分型一致性，从而在病原学上提供传播相关性的实际证据，结合流行病学的调查，分析污染食品的来源、证明污染食品在暴发流行中的作用。同时，对食源性致病菌分离株开展药敏检验。利用获得的信息，指导采取准确的治疗、预防和控制措施。

在各级疾病预防控制中心建立公共卫生实验室，负责对辖区内的监测结果进行暴发识别和归因分析、信息核实，确认暴发后应及时报告同级卫生行政部门，并开展现场流行病学调查、标本的实验室检测检验及报告，确定引发食源性疾病的病因性食品和病因性场所。

3. 流行病学调查

流行病学调查是收集人群食源性疾病信息的主要方法，是判定食源性疾病暴发，并初步确定病因或疑似病因食品的关键，特别是对于由同一种食物引起的，以多点散发形式出现的跨地区食源性疾病暴发流行尤为重要。同时，通过开展以人群为基础的社区调查和病例对照研究，对掌握我国食源性疾病的发生、发展、分布具有重大意义[33]。

各级疾病预防控制中心协助卫生行政部门开展食源性疾病暴发的流行病学调查，并开展特定病原体危险因素的病例对照研究以及社区人群疾病负担研究。国家食品安全风险评估中心对全国上报数据及时进行汇总分析和比对，对各级疾控中心和医疗机构上报的信息进行归类分析和风险评价发现识别跨省聚集性病例，确认暴发后应及时报告国务院卫生行政部门，协助开展流行病学调查，协调省级疾控中心开展分子分型、药敏试验等工作。

目前在流行病学监测中，疾控部门通常使用两个系统：食源性疾病暴发（食物中毒）监测报告系统和食源性疾病病例报告系统。这两个系统提高了我国应对食品安全系统性风险的能力，通过监测数据信息的上报，及时发现食品安全隐患，进行风险预警，为食品安全风险评估、标准的制定提供科学依据，具体如下。

1. 食源性疾病暴发（食物中毒）监测报告系统

食源性疾病暴发（食物中毒）监测报告系统是依托于各省、自治区、直辖市和新疆建设兵团的所有省级、地（市）级和区（县）级的食品安全监管部门和疾病预防控制中心，对所有县级以上的食品安全监管部门，其组织调查处置的所有发病人数在 2 人及 2 人以上的食源性疾病暴发事件进行报告。承担食源性疾病监测的医疗机构在日常诊疗中一旦发现疑似食源性疾病暴发事件需按照《食品安全法》的要求上报当地卫生行政部门，并由辖区内的食品安全监管部门和疾病预防控制中心共同调查处置完成此事件，由辖区内的疾病预防控制中心及时通过。食源性疾病暴发报告系统报告事件的基本情况直到报送流行病学调查报告，由省级、地（市）级疾病预防控制中心承担食源性疾病暴发事件的审核，国家食品安全风险评估中心每日登录"食源性疾病暴发报告系统"查看各地食源性疾病暴发的发生情况，对上报数据和信息进行汇总，对重大暴发事件和异常暴发事件要及时上报国家卫计委，并提出建议。此外要完成季度、年度全国食源性疾病暴发分析报告，提交国家卫计委。

　　2. 食源性疾病病例报告系统

　　食源性疾病监测报告系统是依托中国疾病预防控制中心、省级疾病预防控制中心、地（市）级疾病预防控制中心和县（区）级疾病预防控制中心和试点医疗机构组成的信息报告网络。该系统于 2012 年年底建成，并对 32 个省级疾控中心业务人员培训，2013 年 1 月 1 日正式投入使用，食源性疾病监测工作虽然属于起步阶段，但目前 32 个省级卫生行政部门已经按照监测计划的要求，选择了至少 60 家哨点医院进行监测。截至 2014 年 10 月 30 日，食源性疾病监测报告系统中单位共几千家，其中包括了各级疾病预防控制中心和哨点医院，主要功能模块包括数据上报、数据审核、数据分析等。数据上报负责收集符合监测病例定义的病例基本信息、症状与体征、暴露史、初步诊断、既往病史、生物标本、检测结果等。数据审核是经过区县级、地市级、省级、国家级四级审核，对哨点医院上报的病例信息和临检实验室或公共卫生实验室上报的检测结果进行审核。数据分析是各级疾控机构对数据进行汇总分析。国家质检总局建立的全国食品安全风险快速预警与快速反应体系（RARSFS）于 2007 年正式推广应用，同年 8 月实现对 17 个国家食品质检中心日常检验检测数据和 22 个省（自治区、直辖市）监督抽查数据的动态采集，初步实现国家和省级监督数据信息的资源共享，构建质监部门的动态监测和趋势预测网络。

## 三、食源性疾病和食品污染监测整合系统

　　目前，我国食源性疾病和食品污染的监测分属不同的监管部门，其信息整合能力差，且缺乏统一的国家食源性疾病监测和食品污染综合分析信息平台，在信息标准开发、数据编码和交换方式等方面缺乏标准化，使得不同系统之间的信息不能实现有效的关联性分析。我国应借鉴发达国家的先进经

验，按照属地管理原则，建立市、省、国家三级不同监管部门之间横向连接的食源性疾病和食品污染监测数据和信息综合分析平台，实现区域内各级食源性疾病和食品污染监测数据库的有效网络连接。在此基础上，构建我国具有病例监测、食品污染监测、溯源分析、病原因子以及病因性食品的关联性分析、信息通报、食源性疾病预警发布等为一体的食源性疾病监测与预警网络。

1. 食源性疾病监测报告系统

建立和完善全国统一的食源性疾病监测信息电子化报告系统，实现医疗机构和疾病预防控制中心的病例监测、实验室检测、流行病学调查等信息的网络直报的同时，建立社会病例报告/投诉系统，收集社会、群众投诉信息，增加接受非正规渠道信息收集能力，结合医疗体制改革，开发医院 HIS 的食源性疾病病例监测数据导出与导入系统，自动收集病例基本信息。

2. 食源性疾病暴发监测系统

建立覆盖省、市、县级疾控中心的食源性疾病暴发监测系统，实现省（自治区、直辖市）、地（市）和区（县）网络直报，各级疾控中心在调查处置完毕所有级别的暴发事件后，按照既定的格式填报报告表上报暴发信息和流行病学调查报告，系统收集暴发事件的病因食品、致病因素、发生时间、发生场所、发病人数、引发因素及发病、住院、死亡人数等信息，及时进行归因分析，全面掌握食源性疾病暴发事件的高危食品和危险因素，为开展风险评估和标准的制订和修订，为政府制定、调整食源性疾病防控策略提供依据。

3. 国家食源性疾病分析溯源网络

建立食源性致病菌基因分型电子化系统，实现实时在线采集、分析与上报各种食源性致病菌的基因分型结果。建立国家、省级和市级三级溯源分析数据库，实现省内、省间及全国监测数据的在线比对分析，主动收集来自病例和可疑食品、媒介、环境等样本的病原学、食品污染、传播相关性的实际证据，这对及时发现疾病散发的跨地区暴发和食品安全隐患线索至关重要，可实现对食源性疾病暴发、突发食品安全事件的早期识别和预警，并采取有针对性的干预措施。

4. 食源性致病因子与病因性食品关联性分析系统

充分利用各食品安全监管部门的现有资源，通过对食源性疾病和食品污染相关监测数据的挖掘分析，建立基于各级食源性疾病监测和食品污染监测数据库，覆盖食品生产经营各环节、从城市到农村的食源性疾病致病因子及病因性食品的关联性分析系统，实现对海量数据的自动统计分析，发现可能存在的潜在危险因素，获取疾病或食品安全事件的暴发线索及分布、病因食品、传播或扩散趋势等信息。能够对已识别的食源性疾病暴发和食品安全隐患进行成因过程、发展态势的描述与分析，揭示食源性疾病基线发展水平中的波动和异常，发出相应的预警信号。

5. 食源性疾病监测与预警平台

建立基于以上系统的食源性疾病监测与预警网络，将食源性疾病病例信息、实验室检测结果、流行病学调查信息及其他食品安全风险监测信息统一在网络平台，实现政府、监管部门、监测技术机构等依法开展内部信息通报和外部预警信息发布。同时，形成全国统一的应急指挥体系，在突发食品安全事故时，在卫生行政部门、疾控机构、医疗机构及农业部、食品安全监管部门、质检总局、各级政府等部门之间，实现数据采集、危机判定、决策分析、命令部署、实时沟通、联动指挥、现场支持等功能，从而在最短的时间内对食源性疾病做出最快的反应，采取合适的措施项案，有效地动员和调度各种资源，进行指挥决策。

## 四、国家食品安全信息化体系

1. 规划依据

《国家食品安全监管体系"十三五"规划》明确提出，加强食品安全监管信息化建设的顶层设计，根据国家重大信息化工程建设规划的统一部署，建立功能完善、标准统一、信息共享、互联互通的国家食品安全信息平台。国家食品安全信息平台由一个主系统（建设国家、省、市、县四级平台）和各食品安全监管部门的相关子系统共同构成。主系统与各子系统建立横向联系网络。

国家级平台依托国家食品安全风险评估中心建设省、市、县三级平台按照国家统一的技术要求设计，由同级食品安全办组织建设（图 2-1）。各级科技、工业和信息化、环境保护、农业、商务、卫生、工商、质检、粮食、食品安全监管等部门根据职能分工和主系统功能要求建设子系统。国家食品

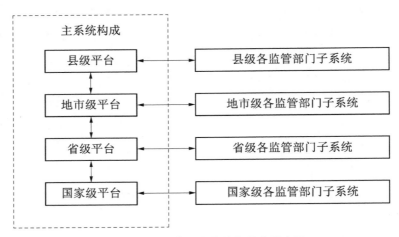

**图 2 - 1　国家食品安全信息平台示意图**

安全信息平台主系统与各子系统对接，并延伸到信息使用终端。主系统要实现对各子系统数据的实时、全权调用，可实现向各类终端发布预警等信息。各子系统通过主系统实现信息共享。各地区、各有关部门可根据工作需要在该平台基础上扩展功能。

国家食品安全信息平台建设要按照分步实施、逐步融合的原则，充分利用现有信息资源，采取主系统和子系统共同规划设计、各有关单位分头组织建设的方式进行。"十二五"期间，优先开展检测检验、监督执法、法规标准等方面的信息化建设。

《"十二五"国家政务信息化工程建设规划》在食品安全监管信息化工程中明确提出加快建设食品（含农产品）生产、加工、流通（含进出口）、消费等环节的安全监管信息化工程。利用物联网技术、溯源技术、防伪技术、条码技术、云计算技术等，建设支持食品及食品添加剂生产达标的生产监管信息系统，建设支持食品及食品添加剂品牌真伪认证、来源追溯、过程追踪、责任追查及召回销毁的流通监管信息系统，建设支持对食品生产商、经营商和餐饮服务商进行信用评价、守信激励、失信惩戒的食品经营者信用监管信息系统。建设食品安全风险监测和评估信息系统，建设相应的食品安全信息共享平台。

2. 规划思路

总体架构设计思路是以国家"十二五"规划作为依据、食品安全问题作为根本、信息化作用和地位作为发展的动力、信息化存在问题作为重点、大数据思维作为理论指导，实现以下三大转变。

一是总体架构上，从垂直业务和信息孤岛向业务协同和信息共享平台建设转变。基于云计算技术建设国家/省两级数据中心群，建立跨地域、跨部门的云平台，既覆盖业务应用也覆盖服务应用，实现统筹规划、资源整合、互联互通和信息共享，提高食品安全水平与监管能力。

二是应用平台构建上，从品类监管、分段监管向综合监管、全链监管转变，从单纯的政府职能管理向社会化服务转变。设计基于 SOA 的食品安全应用框架和开发规范，建设全国统一的技术服务和业务服务支撑体系和物联网平台，从而保障"从农场到餐桌"的全生命周期监管的实现。

三是数据资源规划上，从追求单一系统完整性向推动各系统资源融合转变，从数据资源采集向数据综合分析利用转变。通过完善食品安全业务标准和数据标准体系，建立食品安全数据交换平台和大数据平台，实现数据全局共享，避免系统的重复建设和数据的重复采集，提升监管执行效率和风险控制能力。同时加强对现有数据资源的挖掘分析，用数据说话，科学决策，进而提高实现业务创新的能力。

国家食品安全信息平台的总体建设原则是"加强顶层设计，统一标准规范，实现互联互通、数据共享、业务协同"。

国家食品安全信息平台将充分应用云计算、物联网以及移动互联网的技术，实现跨部门、跨地区的政务协同和社会化协作，并开放为企业和公众服务的机制，以科技创新打造新一代政府信息化平台。

（1）云计算

国家食品安全信息平台包括国家级省级两级数据中心，国家级数据中心采取双活互备模式，同时与相关部委（卫计委、农业部等）的数据中心构成国家食品安全云平台。双活数据中心和省级数据中心采用统一规范的基础设施标准，基于共享资源池（计算资源、存储资源、网络资源等）自动部署业务应用，迁移应用负载，交换数据资源，以实现高效率的软硬件基础设施资源的高效利用，保障各数据中心的灵活性和高可靠性。

（2）大应用

按照"统一规范、全网部署"的设计思路，制定全国统一的食品安全应用框架和开发规范，组织设计基于 SOA 的技术功能和业务功能构件，逐步规范全系统的业务应用支撑系统，统一建设全国性的监管、追溯等业务协同应用系统。实现全平台的自动化部署和动态扩展，有力支撑全程监管和跨部门协同的业务目标。

统一组织设计业务功能构件，在试点单位推广应用，逐步规范全系统的业务应用支撑系统，统一组织设计应用支撑平台，对已有的业务应用支撑系统进行整合，统一组织建设跨部门业务协同应用系统。

各省（自治区、直辖市）可根据本省的业务特点，在全国推荐使用的全国标准版的基础之上进行个性化改造和开发，以满足实际业务需求。二次开发工作既可以满足全国标准统一的大前提，又节省了大量重复的建设和投资，还可以满足各地区地方法规的要求，真正实现食品安全监测及标准业务软件的适用性。

（3）大数据

国家食品安全信息平台将支撑食品全生命周期跟踪追溯和全程监管，通过物联网数据采集、社会化服务、各级数据上报，各部门数据交换产生海量数据。制定统一的元数据、数据和接口标准，从食品安全全局的角度构建食品安全信息库和食品安全大数据平台，将有效地推动监管业务自动化、科学决策和应急指挥实时化，提升食品安全的监管能力和服务水平。

建设国家标准信息数据库、食品安全信息库等基础数据库，统一制订保证全系统互联互通、资源共享的统一指标体系和技术标准。依据统一的指标体系和技术标准，组织试点省级数据库建设。

同时，按照"纵向建设、横向对接"的原则，与其他政府部门实现信息交换与共享，为已有和新建系统提供开放、公共、安全的操作环境和数据接口，保证系统的互联、互通、互操作和资源共享。对外数据交流和共享以及业务协同立足于提供标准的服务接口及调用。关系数据采集、分析与交换系统是数据共享平台的主体组成部分之一，该平台独立于各业务系统，基于统一的技术元数据和业务元数据进行管理，实现覆盖多种来源的食品安全监测数据采集、加工、清洗、加载、交换、统计分析、利用、发布、归档等各个环节，建立相应的管理维护机制，梳理并加载各种元数据，并能够在独立业务系统之间进行桥接。强化数据分析效能，根据食品安全监测业务需求，以灵活多样的方式实现对不同业务系统多种数据源、不同类型数据的聚合和分析，并进行符合发布条件的数据组织与处理，通过服务管理平台统一发布。

３．规划目的

国家食品安全信息平台的规划目的是实现我国食品安全"来源可溯、流向可追、质量可控、责任可查、风险可估、疾病可防"。

４．规划目标

国家食品安全信息平台的建设将推动以下三个目标的实现：① 基于信息共享与业务协同的食品安全政府监管与社会服务机制；② 基于有效策略实现有限目标的食品安全生命周期一体化管理；③ 基于风险监测、标准、评估的食品安全风险立体化管控体系。具体如下。

（1）加快实现信息共享与业务协同。坚持资源整合、信息共享协同服务、节约高效的信息化建设原则，科学规划，规范运作。以公共服务需求为最主要的出发点，以电子政务为典型的切入点，探索政府投资信息化、建设、管理、服务的新模式、新机制，加快信息资源开发利用，强化信息基础设施，提高行政效能。

（2）实现食品安全生命周期一体化管理

由于经济的全球化趋势，食品安全以及食品可追溯性成为巨大的挑战，传统技术和流程工艺使得食品召回在经济层面上是不可行的，它需要一个全国性的行业标准来实现从"农场到餐桌"的食品跟踪。基于有限目标和有效策略原则，应统一目标对象的标识，规范食品链各个环节的自动化数据采集和行为认证，实现跨部门业务的智能化协同，建立一个强大的食品安全生命周期一体化管理和跟踪与溯源系统。

这有助于创造一个有关食品安全的生态系统，提供一种全新的、有效的方式，确保食品可以全面进行供应链跟踪，以标准化的格式和工作流程来进行产品召回信息的安全交换，加上基于互联网技术和云服务提供的灵活性、速度的准确性，不仅实现了食品召回的简化和标准化，同时也降低了消费者未来的安全风险，还可以增加新的差异化的服务，实现基于数据驱动的现代食品安全链监管服务机制。

（3）构建食品安全风险立体化管控体系

国家食品安全风险立体化管控体系以建立国家食品安全风险监测和评估体系为核心，围绕食品安全风险监测、食品安全标准制（修）订、风险评估和风险交流工作，完善各业务系统，构建食品安全信息平台，逐步建立国家健全的食品安全监测和预警体系。利用云计算、大数据等相关信息技术，构建全方位的食品安全信息体系，为食品安全风险评估、风险预警、食品安全标准制（修）订和采取有针对性的控制措施提供及时的数据。

国家食品安全信息平台的建设将开发和建设食品安全信息资源平台，即在国家级和省级建立标准统一、互联互通、信息共享的数据中心和数据交换平台，能够使得国家食品安全数据资源实现多级共享、规范管理、有效应用，同时实现与卫生行政部门、食品安全监管部门等的横向数据交换，为提高各级食品安全管理部门的分析、决策水平打下良好的基础。

国家信息共享平台的建立将提升食品安全监测工作的系统性，提升食品安全风险评估和快速预警能力，从而提升多部门快速应对食品安全突发事件的协同能力，提高食品安全事件的预防预警和应急处置能力，满足预防为主、科学管理、综合治理的食品安全监管工作要求，切实提高食品安全的保障水平，切实维护人民群众身体健康和生命安全，维护社会和谐稳定、提升治国理政能力。

（4）实现业务高效协同和全链条监管

实现信息共享、统筹协调、资源整合、加强政府监管能力，促进各部门、各环节监管措施有效衔接，为实现食品安全全程监管提供有力的信息支撑，是保障和改善民生的重要基础，逐步实现"从农田到餐桌"覆盖所有环节的数据共享和开放查询服务，并为监管部门的科学决策与管理提供信息支撑。实现社会化信息服务功能，达到为社会、企业和公众提供公共服务和信息咨询服务的目的。

## 五、平台应用架构设计

为实现上述业务架构的目标，国家食品安全信息平台结合各职能部门食品安全监管的情况，重点围绕"食品健康链"中涵盖的食品生产监管、食品流通监管、食品生产经营者信用监督管理、食品安全风险监测和评估、进出口食品安全管理、食品安全溯源追踪管理、食品法规标准管理七大业务领域中的主要业务，按照信息工程的分层设计思路，由平台用户层、主系统（共享交换与综合分析管理）、子系统（业务应用）、应用支撑平台、信息资源层、基础设施层、法规标准体系、安全与运维服务保障体系组成。

1. 平台用户层

国家食品安全信息平台主要为三类用户提供应用和支撑。

（1）用于政府监管、业务协同和信息共享。包括食安办、原国家食品药品监督管理总局及下属各个单位及下属各单位、质检总局及下周各单位、商务部及下属各单位、卫计委及下属各单位、农业部及下属各单位、工信部及下属各单位、工商总局的相关监管部门。

（2）服务于高校、研究中心机构、组织等。包括高等院校、科研院所、食品安全认证机构、第三方检验检测机构等。

（3）服务于企业、社会公众等。包括向食品生产加工企业、食品物流运输企业、食品经营企业、餐饮服务企业以及相关行业协会等以及向社会发布信息、消费者的信息反馈、消费者的投诉举报等，实现食品安全的科普宣教等。

2. 主系统（共享交换与综合分析管理）

国家食品安全主系统通过主系统完成与生产监管、流通监管和信用管理等子系统的数据交换，主动实现食品安全监管相关部门的信息共享和业务协同，成为国家食品安全信息平台的信息高速公路。并与全民健康保障工程、法人单位信息资源库、生态环境保护信息化工程等国家政务信息工程信息系统间实现信息共享交换。

主系统对交换的食品安全数据进行整理和挖掘，并进行食品安全的总体态势分析、重大食品安全事件趋势分析、食品安全事件关联分析，实现预测预警，为国家层面决策提供科学准确的信息支持。

3. 业务应用层（子系统）

国家食品安全业务应用层实现食品安全各监管部门的业务信息化，通过设立食品生产监管信息子系统、食品流通监管信息子系统、食品生产经营者信用监督管理信息子系统、食品安全风险监测和评估信息子系统、进出口食品安全监管信息子系统、食品安全溯源追踪管理信息子系统、食品法规标准管理信息子系统等，实现在农产品种养殖、食品生产加工、食品流通、餐饮消费、进出口食品检疫环节以及食品安全法规标准制定、食品安全风险监测评估和预警交流、食品安全产品溯源等环节监管的信息化，该应用层主要服务于原国家食品药品监督管理总局、卫计委、农业部、质检总局等各食品安全监管部门。

#### 4. 应用支撑平台

国家食品安全应用支撑平台层是一个与网络、数据库、应用均无关的开放性基础设施。应用支撑层利用各种通用性平台实现不同基础设施层与应用层之间的互通。针对食品安全应用领域的共性功能和特征，利用基础的应用集成工具，构建可扩展通用的业务组件，实现应用系统的快速搭建和灵活调整，把精力最大限度地投入到业务系统的业务需求分析，在最短时间内建立符合食品安全自身管理特点的应用系统，并随着应用的深入进行及时的扩展和调整。

#### 5. 信息资源层

信息资源层是整个架构的基础，构建于基础设施层之上，为上层的应用系统提供各种信息资源及数据服务。食品安全各系统及相关部门的信息需要有效共享、相互协作、关键数据能够被多业务所复用，形成统一的全局主体数据视图，对现有的数据能够进一步分析加工，从而优化管理。以上内容都是各类具体业务应用方案能够顺利实现的一个关键，因此，通过建设中心数据库，存储全国食品安全各部门需要共享的信息，包括基础信息、业务信息、综合统计信息，是实现数据共享的基础。通过统一规划食品安全各部门的基础性数据，包括食品安全监管信息资源、食品安全风险评估信息资源、其他电子政府工程信息资源、公共服务数据等信息，建立中心数据库，实现信息的整合。

#### 6. 基础设施层

食品安全基础设施层利用云计算、虚拟化等技术，充分实现国家食品安全信息平台统筹规划、资源整合、互联互通和信息共享的目标，成为食品安全业务、数据的全国统一基础支撑。总体架构定位于端到端的云资源和云服务管理平台，是一个从裸资源到云服务的端到端的管理平台。云资源管理平台是一个平台领先，拥有广泛的异构支持，技术先进，可支持动态容量管理，针对食品安全业务特点制定的高度集成化的解决方案。

#### 7. 法规标准体系

"食品安全，立法先行，标准支撑。"因此在信息平台中，需要法规和标准的保障，这是食品安全信息化规划中最底层、最基础的部分，要通过食品安全立法措施为平台的信息采集，特别是对企业信息的采集提供法律依据，并加强信息标准化工作，做到标准统一、接口配套，建立统一的数据规范，实现信息资源的共享。建立各子系统所必须依据的统一技术规范、应用平台、指标体系、信息代码和运行制度等，以确保从政策方面和技术层面沟通统一的支撑和应用体系。

8. 安全与运维服务保障体系

安全与运维服务保障体系作为国家食品安全信息平台信息化建设的重要运行保障，为平台的建设实施运行提供持续性、可靠性支持。安全保障体系的建设工作分为三个阶段：基础能力建设阶段、体系建设阶段、运行与维护阶段。在基础能力建设阶段，完成基本的安全防护能力建设，如部署病毒防护、防火墙、入侵检测等。

安全防护软硬件产品在体系建设阶段，将已建成的基础能力进行有效整合和提升，形成符合国家等级保护要求的信息安全保障体系在运行与维护阶段，采取必要的技术和管理措施确保信息安全保障体系发挥预期的作用，保障平台业务安全稳定的运行。

## 六、现有监测工作面临的问题及对策

然而，由于建设投入的体制和机制不健全、投入不足，现有的监测分析系统零散地部署在相关监管部门的机房中，缺乏信息的共享和有效利用，缺乏跨部委的统一规划和顶层设计，难以实现覆盖全链条的信息采集和分析挖掘，信息的价值没有被完全激活，此外，监测网点数量、监测覆盖范围、机构数量和能力等与实际需要仍然有较大差距。目前存在的主要有以下几个问题[34]。

（1）数据上报速度慢

总系统的数据上报都是由下而上逐级上报，将全国数据汇总后进行统计分析，得出评估同时及时做到食品安全预警，并为下一步的决策提供有力支持。数据采集工作的难易程度和时间消耗对食品安全风险评估整体工作效率有着很大程度影响。由于食品安全监控数据分布广、数据量大、时效性强等特点，使得上报必须及时准确才能够支持后续监控、评估和决策。现有系统在数据上报过程中，基层用户通过互联网直接访问现有系统进行数据的上报，整个上报过程由于用户上报时间集中、上报数据量大，系统在较短的时间内需要处理大量的上报操作，对系统的并发访问量大，从而使系统性能降低反应变慢，直接影响系统上报功能，更有甚者会造成网络上的拥堵，长此循环使得系统上报功能总处于超负荷运作中，影响用户对系统的使用感受，从直观上出现数据上报功能慢，数据上报不够方便的现象。

（2）两个系统数据相对独立不能联合分析，每个系统统计分析功能过于简单

目前全国食品微生物风险监测数据汇总系统和全国食品污染物监测数据汇总系统的数据是分开存储的，而分开存储就造成了中心内部的数据孤岛，这不利于依赖数据统计分析的食品安全风险监控，食品安全风险监控须纵观整体、多维度、多方位，支持各个监控指标的组合分析、切片分析、能够逐级钻取展现、灵活切换维度等，而目前两个系统数据相对独立，在本系统内可以进行各指标项的汇总统计、单项分析等，却无法进行两个系统之间数据的组合分析，不支持多维度分析以及切片分析，更加不能对专项数据进行逐层的钻取分析[35]。从另一方面看就是增加了食品安全风险监控的工作量，对于相同类型食品原本可以进行一次上报、汇总、监控，现在不得不用两次进行，而原本可以对关联地区使用钻取直观分析与监控，现在不得不用多次查询进行。综上可以看出，目前系统在统计分析以及食品安全监控方面都不够便捷并且过于简单，不能支撑起整个食品安全风险监测预警工作。

（3）界面交互性差，展示核心内容不清晰，操作不够便捷

目前全国食品微生物风险监测数据汇总系统和全国食品污染物监测数据汇总系统的界面 UI 设计不够合理，使得人机交互变得不够便捷，而两套系统也使得操作人员不得不对同一食品进行类似功能的两次操作，同时整个系统从界面上看，每个功能的核心内容不够清晰，不能让操作者更加直观地了解到每个功能模块的核心内容，为了更好地支撑我国食品安全风险监测预警工作，全国食品微生物风险监测数据汇总系统和全国食品污染物监测数据汇总系统的整合势在必行，确保整合后的系统提供更好的人机交互，清晰展现系统核心功能，提供食品安全风险统计、分析、监控以及预警机制则是升级改造的重中之重。

这些问题限制了食品安全监测点和样本量的增加，制约了我国食品安全风险监测工作的开展。除这些系统本身需要升级改造，还需要进行跨部委的多系统整合，顶层设计，取消信息孤岛，形成覆盖种养殖、生产加工、分销流通、消费健康的全链条的具备监测、评估、分析、预警、管理等功能的国

家食品安全信息平台[36]。针对以上问题，本书提出几点对策[37]。

1. 建立统一的国家监测体系

亟待解决当前国家食品安全风险监测工作多头布置、多头管理，缺乏协调统一的工作机制，除可减少经费上的浪费现象，还可以通过全面设计实现一网打尽的目标，确实保障国家的食品安全。

2. 加快制度建设，完善工作机制

国家在多部门联合制订和统一发布实施国家食品安全风险监测计划的同时，要尽快制定并完善风险监测工作规范，全面规范风险监测计划方案制订、采样、检验、数据报送、技术培训、质量控制、督导检查等工作程序，建立监测保障和激励机制，确定阶段性和长远监测规划。进一步完善会商制度，通报国家食品安全风险监测结果、各监管部门通报相关食品安全监管或监督抽检情况、研判形势、提出对策措施建议，健全食品安全风险监测体系，保证风险监测工作有序开展。同时，督促各地建立长效工作机制，出台有关政策、制度，依法明确责任部门及参与部门的工作职责、权利及人、财、物等资源保障机制，完善食品安全风险监测地方方案的组织形式、监测结果的通报和会商机制。建立食品安全风险监测结果，风险监测质量管理办法，完善报告制度和机制，不断提高风险监测报告、预警和应急处置能力。

3. 加快体系建设，提高监测能力

监测能力是保障监测工作顺利开展的主体，监测经费是制约监测工作开展的瓶颈。尽快组织落实监测能力建设项目和监测工作配套经费，缓解或解决监测工作资源不足问题是当前工作的重中之重。积极稳妥推进食品检验检测机构建设，解决由于仪器不足带来的监测能力低下问题，鼓励第三方检验检测机构的参与，加快各级监测机构食品安全风险监测设备配置，研究改进工作方法，加强对风险监测计划制订、现场采样、实验室检验、数据报送等全流程的技术培训，坚持"十三五"的指导思想，坚持最严谨的标准、最严格的监管、最严厉的处罚、最严肃的问责，全面实施食品安全战略，着力推进监管体制机制改革创新和依法治理，着力解决人民群众反映强烈的突出问题，推动食品安全现代化治理体系建设，促进食品产业发展，推进健康中国建设。坚持预防为主，坚持关口前移，全面排查、及时发现处置苗头性、倾向性问题，严把食品安全的源头关、生产关、流通关、入口关，坚决守住不发生系统性、区域性食品安全风险的底线。

各地各级卫生行政部门要按照《国家食品安全监管体系"十三五"规划》要求，统筹规划和加强食品安全风险监测工作，不断强化能力建设，加大对监测能力薄弱地区和重点环节的支持力度，推进食品安全风险监测机构的建设和发展，推动食品安全风险监测工作全面铺开。提高地方在国家监测计划执行中的主动性，积极理解国家监测计划在地方的促进作用，强化地方政府负总责的工作意识，进一步促进国家和地方食品安全监测的长期可持续发展。

4. 强化平台建设，实现信息共享

按照统筹规划、分级实施、注重应用、安全可靠的原则，加强信息化建设，完善全国食品安全风险监测信息平台建设，及时完成升级改造，重视维护管理工作，规范食品安全风险监测数据的收集、分析、汇总、报送和管理，满足国家级、省级、地市级、县区级用户的需要。目前亟待解决的问题主要为以下几个方面[38]。

一是增加中心服务器数量和配置，建立地方监测数据平台，缓解国家数据平台服务器的压力。二是建立实时沟通平台，在监测网络系统内部建立国家级、省级、地市级、区县级可同时使用的信息沟通、交流和查询平台。三是建立统一完善的数据库编码体系，包括食品分类编码、污染物分类及编码、各项目对应的检测方法、限量标准等。统一不同部门间监测结果的上报格式，建立共享数据库，加强部门间合作。四是增强监测数据库的安全性，建立数据库的异地备份机制，加强国家级管理员对系统的监控和监督，提高用户准入机制，提高系统安全性。五是建立监测数据地理信息数据库，探讨GIS 空间分析技术在风险监测预警、污染分布、趋势分析中的应用价值和意义。六是在完善现有全国食品安全风险监测信息平台建设的基础上，建立统一的国家食品安全风险监测数据库和部门信息共享平台，逐步实现监测数据在各地区、各部门的信息互联互通和资源共享，提高监测结果的应用效能。

5. 优化资源配置，实现科学布局

监测计划根据各地区的人口分布、监测能力、地域特点、经济水平、饮食习惯等因素，制订符合我国国情的监测计划，确定监测食品的数量、种类、指标。新疆、新疆生产建设兵团、宁夏、青海等技术和经济水平不发达、人口稀少地区与沿海地区的监测数量、内容和项目上应有所区别。逐步增强省（自治区、直辖市）食品安全风险监测意识和主观能动性，根据区域饮食习惯和地域特点，因地制宜地选择各自需要监测的高风险食品。

监测点、采样点和样本量的设置上要加强监测资源的统筹利用，在保障监测质量的基础上，适当增设监测点，逐步扩大监测范围、指标和样本量。科学合理地配置现有监测资源，在国家监测计划的基础上，兼顾样品科学性和监测能力，有选择性地设置监测点和采样点，逐步将监测范围覆盖到全国各省、市（地）、县级并逐步延伸到农村地区。遵循统计分析和流行病学设计原则，根据不同监测对象、监测目的在不同采样环节、采样点进行采样，科学合理确定样本数量；同时，科学统筹、合理布局，适当固定监测点、采样点和监测时间，以准确了解食品安全状况趋势。

6. 加强质量控制，提高监测质量

质量控制直接影响监测工作是否能够顺利完成，监测数据是否准确可靠。随着监测范围的扩大和监测数量的增加，对各级监测机构的质量控制成为一个巨大的挑战。将全过程质量控制纳入管理控制体系迫在眉睫。

规范样品采集和数据上报程序，严格按照国家计划的要求，制订合理的抽样方案和样品采集、运输、检验、数据上报、审核程序，充分保证样品的代表性、运输的及时性、检验的可靠性和数据的准确性。

严格食品检验检测机构的资质认定和管理，引入竞争机制，鼓励通过政府采购、市场竞争或引入第三方机构参与的方式，筛选收费合理、质量优良的承检机构，可促进检验检测资源整合和机构良性竞争，提高资金使用效益。加强区域参比实验室的建设，逐步承担国家食品安全风险监测技术引领、参比、仲裁和培训任务，解决重大和疑难食品安全技术问题。指导省级疾病预防控制中心建立省级食品安全重点实验室，增强对新出现污染物和食源性疾病致病因研究，加强督导检查、调研与培训相结合，对存在问题进行总结分析，采取有针对性的纠正措施，督促地方卫生行政部门全面贯彻落实监测方案，保质保量完成监测任务，建立奖惩机制，有效鼓励先进工作单位，提高监测人员的主动性和积极性，切实提高监测人员的工作积极性、责任心。在以原料、产品监测为主的同时，加强生产加工过程的监测，同时探索新的监测形式。

（1）点监测和面监测相结合。建立食品安全"从农田到餐桌"的全过程控制体系，最大限度地防止、减轻和消除食品安全的危害与风险。

（2）常规监测和专项监测相结合，在常规监测的基础上，确定重点监测项目。

（3）主要监测与次要监测相结合。除监测流通范围广、消费量多的主要食品，还要监测具有地域特征的食品。

（4）多因素、多水平监测和分析，了解食品污染原因，分析健康危害水平。

（5）开展广泛的食品安全群众教育。将健康教育纳入食品安全风险监测计划，通过报刊、电视、网络等宣传媒体使食品生产经营者、消费者及时获知食品安全知识，提高食品安全意识。

7. 开展舆情监测

随着互联网"大数据"时代的到来，对网络信息的认识和筛选使用，也必将成为食品安全风险监测的重要领域。在大数据时代，不能拘泥于监测机构的数据报告，不断开拓监测视野、拓展监测范围和技术形式，掌握国内外食品安全监测进展，了解国际食品安全状况，为制订我国的食品安全风险监测规划、计划提供参考，同时针对有关问题可及时有效地采取有针对性的监测和应对措施，进一步完善国家污染物监测数据库。

8. 推进技术革新，改善监测条件

专注于未来的需求，开展监测新方法研究，深入开展针对性技术培训，保证监测工作可持续性发展。

一是加强硬件改善，采用现代化、专用便捷的采样器皿、运输工具或（和）保存装置，减少工作量，保证监测结果的准确性。

二是食品安全检测中采用高效快速的新技术、新方法，提高工作效率，监测结果早发现、早处理。

三是深入食品安全规律的系统性研究，探索性开展检验检测技术与设备、过程控制技术等领域的研究。

四是信息化技术在风险监测中的研发和应用。具体如下。

（1）监测机构内部建立风险监测的实验室信息管理系统（Laboratory Information Management System，LIMS），便于样品的采集、检测、报送等流程的顺利流转。

（2）建立基于 GPS 全球定位系统的采样方式，用于采样信息的自动录入，保证采样位置的准确性，建立包装食品条形码的编码采集系统，用于提高定型包装食品信息录入的速度与准确性 GIS 与条码扫描系统的结合，可大大提高监测信息的准确性，有助于做出高效准确的预警。

（3）加快推进食品安全电子追溯系统建设，建立统一的追溯手段和技术平台，提高追溯体系的便捷性和有效性。

（4）统计分析功能强化和完善，包括统计软件的使用，对监测结果进行复杂的统计学分析，自动生成监测结果报告，减轻人员工作任务量数据上报、审核等数据系统平台简化和优化，提高系统逻辑判断能力，降低错误率，减轻人员工作任务量。

（5）基于消费者、媒体抱怨的报告监视系统，扩大风险信息和隐患的信息来源渠道。

（6）基于 SMS（短信平台）信息定制的实时报告/交流系统，对相关风险信息进行及时的预警预报。

（7）利用信息化强大的搜寻、及时记录、计算、统计等技术优势，提高监测工作组织管理工作效率。

9. 深入数据挖掘，加强结果利用

利用数据挖掘技术，对历史监测数据进行提取、加工、整合成分析型数据仓库。再利用数据挖掘技术中的建模、预测、关联分析等功能，从该数据仓库中开发、利用或发现某些新信息，更深层次挖掘（或发现）一些新知识，如发现系统性风险隐患，食品安全状况和风险的时间相关性、地域分布特点，不同食品、不同地域人群健康风险，食品安全发展趋势等，在监管决策制定、标准制（修）订和跟踪评价、风险评估等方面发挥重要作用。

建立自动监控系统，对风险监测结果实行自动监控。利用数据挖掘技术独特的数据分析优势，对平台中的相关信息进行提取、分析、挖掘，从而实时、有效地监测风险监测的进行情况，这对及时发现食品安全风险隐患加强监测数据的预警功能，隐患排查、事故处置、确定监管重点有着重要的意义。

利用数据挖掘技术，对不同监测机构的监测样品的采样、检测、上报时间，任务完成进度进行统计分析，对监督监测任务的正常流转，合理安排监测时间和监测任务具有重要的现实意义。

扩展数据挖掘技术在风险监测中的应用，实时监测网络舆情，了解群众意见，逐步开展信息公布，根据监测结果及时开展科普宣传工作，提高食品安全活动和事件的认知态度，正确引导舆论方向。

## 第三节　我国风险监测发展现状

我国的食品安全风险监测主要分为两部分内容，一方面是卫计委开展的监测工作，另一方面为其他部门开展的监测工作。以下将分别介绍其发展历程。

### 一、卫生部门风险监测工作发展历程

我国卫生部门的风险监测工作主要经历了三个阶段[39]。

1. 第一阶段（2000 年以前）

在 20 世纪 70 年代，结合当时的国情，卫计委对食品中的一些重要污染物进行了大量的调查，如黄曲霉毒素 B1。通过全国范围的监测，获得了近50 000 条数据量，从而大致确定了各类食品中黄曲霉毒素 B1 的分布及污染水平。除此之外，卫计委还进行了大量的毒理学实验，获取对应的评价数据，从而制定符合国情的食品中黄曲霉毒素的限量标准。除制定标准之外，还开展了黄曲霉毒素去毒方法研究，并以此方法作为生产企业加工生产黄曲霉毒素含量合规产品的指导方法。

80 年代末我国加入了全球食品污染物监测计划（GEMS/FOOD），成立了 WHO 食品污染物监测（中国）中心，与 WHO 和 FAO 等相关国际组织建立了广泛的联系，陆续开展了一些污染物的监测工作，但受当时经费和检测能力的限制，没有建立完善的食品污染物监测体系，监测范围和内容都非常有限。

1992 年，原卫生部食品卫生监督检验所组织京、沪、粤、川、苏和吉六省（市）对八大类食品中的铅、有机农药、黄曲霉毒素含量展开监测工作。

2. 第二阶段（2000—2009 年）

尽管我国是 GEMS/FOOD 计划的参加国，但受经济条件制约，暂未系统开展食品污染物的监测工作。在此情况下，我国政府对于我国污染现状并不了解，且无法对可能发生的食品污染事件进行提前预警。

从 2000 年开始，科技部和卫计委开始指导原卫生部食品卫生监督检验所开展全国范围的食品污染物监测体系研究，其研究内容主要包括食源性致

病菌监测和化学污染物。2002 年起，在国家食品安全关键技术研究的基础上，原卫生部食品卫生监督检验所依照 GEMS/FOOD 计划要求，组织部分省/地市级疾控中心建立了初步与国际接轨的食品污染物监测体系。原卫生部于 2003 年 8 月发布《食品安全行动计划》［卫法监（2003）219 号］，计划着重强调建立食品污染物监测网的重要性，将食品污染物监测工作纳入专项管理，并每年度给予经费支持。随着国家、各级政府主管部门对此项工作的重视度提高，加之检测技术的进步，在 2000—2009 年，全国食品污染物监测网快速发展，其监测范围、监测类别、监测项目及监测数据不断增加，各机构监测能力也对应提高。

省级监测区域从 2000 年的 9 个省（直辖市）（福建、广东、北京、重庆、吉林、浙江、陕西、河南、湖北）逐步扩大到 2009 年的 16 个省（自治区、直辖市）（江苏、福建、广东、北京、重庆、吉林、山东、浙江、陕西、河南、湖北、上海、广西、河北、辽宁和海南），覆盖的地（区）级监测区域从 45 个扩大到 178 个，沿海发达地区已基本建立了覆盖本地区的监测体系。

监测食品类别从 2000 年的 10 大类 15 小类食品到 2009 年的 14 大类 50 多小类食品，基本覆盖我国居民日常的主要食品，监测项目从 2000 年的 14 个检测指标到 2009 年的 117 个，主要包括元素污染物、农药、食品添加剂、真菌毒素和非法添加物等，监测数据量从 2000 年的 8 000 多个到 2009 年的 35 万多个。省级监测区域从 2000 年的福建、广东、北京、重庆、吉林、浙江、陕西、河南、湖北、山东 10 个省（直辖市），逐步扩大到 2009 年的安徽、北京、福建、甘肃、广东、广西、四川、浙江、重庆 22 个省（自治区、直辖市），覆盖的地（区）级监测区域从 35 个扩大到 171 个监测食品种类从 2000 年的 4 大类 32 小类食品增加到 2009 年的 7 大类 69 小类，主要包括我国居民日常的主要食品，如肉与肉制品、蛋与蛋制品、乳与乳制品、动物性水产品、蔬菜等消费量大的食品，重点监测散装、直接入口、熟制预包装等高危食品，监测项目从 2000 年的 3 个食源性致病菌，增加到 2009 年的 11 个（包括卫生指示菌和食源性致病菌）。监测样品量从 2000 年的 0.19 万个增加到 2009 年的 1.8 万个。数据量从 2000 年的 5 000 多个增加到 2009 年的 6 万多个。

3. 第三阶段（2010 年至今）

党中央、国务院对食品安全高度重视，2009 年国务院相继颁布了《食品安全法》实施条例。《食品安全法》第二章第十一条以及《实施条例》第二章规定国家建立食品安全风险监测制度，对食源性疾病、食品污染以及食品中的有害因素进行监测。国务院卫生行政部门会同国务院有关部门制定、实施国家食品安全风险监测计划。省、自治区、直辖市人民政府卫生行政部门根据国家食品安全风险监测计划，结合本行政区域的具体情况，组织制定、实施本行政区域的食品安全风险监测方案。

2010 年以来，按照《食品安全法》及国务院实施条例，卫计委会同有关部门建立国家食品安全风险监测制度，制订并实施年度国家食品安全风险监测计划。2010—2012 年，各级政府对监测更加重视，监测经费也有所增加，食品污染以及食品中有害因素监测开展的指标显著增加，食品及相关产品覆盖更全，监测数据成倍增加，监测地区全部覆盖全国 31 个省（自治区、直辖市），采样逐步延伸到农村地区，基本形成了以国家食品安全风险评估中心为技术龙头，各省级疾病预防控制中心为技术支撑，各地市级疾病预防控制中心为技术骨干的食品安全风险监测体系，通过连续监测，积累科学数据，基本掌握我国主要食品污染水平和变化趋势，为全国食品安全形势分析提供研判依据，为开展食品安全风险评估和制（修）订食品安全标准提供科学依据。具体情况如下[40]。

（1）食品化学污染物及有害因素监测

2010 年，食品化学污染物及有害因素监测覆盖省级区域为除西藏自治区和新疆生产建设兵团外的 30 个省（自治区、直辖市），地级市监测区域共有 288 个；监测食品品种 14 大类，食品小类 54 类，包括食品农产品、加工食品和餐饮食品，涉及我国居民日常消费的主要食品，基本实现了"从农田到餐桌"的全覆盖。检验项目共 145 项，包括农药 58 种、元素 26 种、兽药 9 种、真菌毒素 14 种、食品添加剂 19 种、非法添加物质 12 种、食品加工过程中形成的有害物质 7 种、监测样品量约 7.05 万份、监测数据约 69.4 万个、其中环境污染物约 9.1 万个、农药残留约 54.6 万个、食品添加剂约 3.0 万个、真菌毒素约 2.0 万个和兽药、违禁化学品以及生产过程中产生的有害物质约 0.7 万个数据。

2011 年，食品化学污染物和有害因素监测在 31 个省（自治区、直辖市）开展，全国共设置县（区）监测点 1 196 个，有 405 个监测技术机构承担了食品污染和有害因素的监测任务，其中卫生部门 383 个、质监部门 8

个、食药部门 7 个、农业部门 5 个、高校等检验机构 2 个。98.9% 监测数据来自卫生行政部门所属的疾病预防控制中心。对 17 大类食品和食品相关产品中 100 多种样品进行监测，检测项目共 98 项，包括元素 6 种、真菌毒素 11 种、农药 17 种、食品添加剂 3 种、食品加工过程中形成的有害物质 15 种、禁用药物 15 种、非食用物质 12 种、包装材料 19 种，共获得 10.25 万份监测样品中 50.82 万个监测数据，其中，监测的金属污染物 12.9 万个、真菌毒素 3.12 万个、农药残留 27.6 万个、食品添加剂 1.38 万个、禁用药物和非食用物质 2.85 万个、生产过程中产生的有害物质 1.69 万个和包装材料中有害物质 1.24 万个。

2012 年，食品化学污染物和有害因素监测在全国 31 个省（自治区、直辖市）和新疆生产建设兵团开展。对 27 类食品中的 524 种食品进行监测，监测指标包括重金属、有机污染物、真菌毒素、农药残留、食品添加剂、禁用药物和非食用物质等共 129 项，共获得 8.77 万份监测样品中 68.66 万个监测数据，其中，监测的元素 9.79 万个、有机污染物 3.50 万个、真菌毒素 1.54 万个、农药残留 33.55 万个、食品添加剂 9.23 万个、禁用药物 9.17 万个和非食用物质 1.80 万个。

（2）食品微生物及有害因子监测

2010 年，食品微生物及有害因子监测在全国 29 个省（自治区、直辖市）和新疆生产建设兵团开展。全国共有 295 个监测技术机构承担了食品微生物的监测任务，所有监测数据均来自卫生行政部门所属的疾病预防控制中心。对 8 大类食品中 86 种食品进行监测，监测指标包括卫生指示菌、食源性致病菌和寄生虫共 16 项，共获得 5.31 万份监测样品中 19.17 万个监测数据，其中，卫生指示菌 2.23 万个、食源性致病菌 16.29 万个和寄生虫 0.65 万个。

2011 年，食品微生物及有害因子监测在全国 31 个省（自治区、直辖市）和新疆生产建设兵团开展。全国共设置监测点 751 个，占全国县级行政区划总数的 26.34%（751/2 851）。有 267 个监测技术机构承担了食品微生物的监测任务，所有监测数据均来自卫生行政部门所属的疾病预防控制中心。对 10 大类食品中 155 种食品进行监测，监测指标包括卫生指示菌、食源性致病菌、寄生虫和病毒等共 24 项，共获得 5.31 万份监测样品中 28.81 万个监测数据，其中，卫生指示菌 8.32 万个、食源性致病菌 19.61 万个、寄生虫 0.06 万个和病毒 0.02 万个。

2012 年，全国 31 个省（自治区、直辖市）和新疆生产建设兵团均向国家食品安全风险评估中心提交了监测数据。全国共设置监测点 1 019 个，占全国县级行政区划总数的 35.74%（1 019/2 851）。有 350 个监测技术机构承担了食品微生物的监测任务，参加监测工作的有 346 家疾病预防控制中心，质监部门 1 家，食药部门 2 家，其他机构 1 家。对 10 大类食品中 207 种食品进行监测，监测指标包括卫生指示菌、食源性致病菌、益生菌、寄生虫和病毒等共 49 项，共获得 7.74 万份监测样品中 29.02 万个监测数据，其中，食源性致病菌 27.10 万个、卫生指示菌 1.05 万个、寄生虫 0.47 万个、病毒 0.39 万个。

## 二、其他部分风险监测工作发展历程

根据《中华人民共和国农产品质量安全法》，初级农产品的例行监测主要由农业部负责。20 世纪 70 年代末和 80 年代初开始，农业部开始逐步开展兽药残留监控工作。1991 年，国务院发布《关于加强农药、兽药管理的通知》，农业部同期发布《关于开展兽药残留监测工作的通知》，将兽药残留监控工作归入兽药管理的范围。自 1999 年起，农业部开始制订和实施动物食品中兽药残留的监控计划。2001 年，农业部根据畜产品中检出"瘦肉精"、蔬菜中农残含量超标、农产品质量安全问题严重的状况，实施"无公害食品行动计划"，并建立农产品质量安全例行监测制度，在京、津、沪、深等试点城市对蔬菜中的农残、畜产品中瘦肉精污染实施例行监测，监测范畴随之扩大，次数也随之增加。2002—2003 年，监测范围逐步覆盖至全国 37 个城市，频率提高至全年 5 次。之后，农业部又根据国际规则和惯例，实施兽药及兽药残留监控计划、农药及农药残留监控计划、饲料及饲养违禁药物监控计划、农产品产地环境普查计划、农业投入品监测计划、农产品品质普查计划以及农资打假监控计划。这几大监控计划的实施，标志着我国农产品质量安全例行监测制度的正式建立。2006 年 11 月 1 日起实施的《中华人民共和国农产品质量安全法》规定了对可能影响农产品质量安全的潜在危害进行风险分析、评估，它的实施标志着我国在农产品质量安全监管领域得到了历史性的发展。

原质检总局主要负责开展食品生产加工环节的监测，监测的对象主要包括加工和进出口食品。自 2010 年以来，原质检总局根据年度国家食品安全风险监测计划，制定实施了本部门的监测方案。如在 2012 年，原质检总局开展了对 14 类食品、食品添加剂和包装材料的常规监测，监测内容包括非食用物质、禁用药物、有害元素、加工产生污染物、包材迁移污染物、食品添加剂及一些其他的指标，监测的范围覆盖至 29 个省（自治区、直辖市）。同时，原质检局依据当时国务院食品安全重点工作安排，同期开展部分食品（如乳制品）的专项监测，该项监测主要针对已获证企业，其内容主要是关于热点污染物及国家标准限量指标。

原食药局主要负责餐饮环节监测。2013 年，其在部分省（自治区、直辖市）开展了关于调味品、明胶、凉拌菜、保健食品及餐饮器具的监测，内容主要为工业染料、罂粟碱、铬、游离性余氯、烷基（苯）磺酸钠、食品添加剂含量，以及保健食品的质量、安全指标。

国家粮食局主要负责粮食收购和储藏环节的监测。2013 年，其在粮食主产区开展了关于小麦、玉米及稻谷中重金属（铅、镉、总汞、无机砷）、玉米赤霉烯酮、脱氧雪腐镰刀菌烯醇和农残含量的监测。

商务部主要负责生猪屠宰环节的监测。2013 年，其在部分省（自治区、直辖市）开展了关于猪肉中重金属（铜）、水分、克伦特罗（瘦肉精）、沙丁胺醇、莱克多巴胺、硝基呋喃及其代谢物等的监测。

自 2010 年起，按《食品安全法》及其实施条例，农业部、质检总局、原食药局、商务部、工商局和粮食局参与并制定了年度国家食品风险监测计划，各个部门根据国家计划，负责组织本部门的监测工作。

综上，《食品安全法》自实施以来，卫计委组织开展的食品安全风险监测工作已取得了极大成效，我国已初步建立以国家食品安全风险评估中心及省/地/县三级疾控中心为主体，各级卫生监督机构共同参与，各相关食品安全监管部门、大专院校及有关科研、技术单位为补充的食品安全风险监测体系。这对于加强食品安全风险监测数据的收集、报送、管理和通报有着重要意义，且已成为一项保障我国食品安全的基础性工作。

## 三、我国食源性疾病监测存在的主要问题

为了应对食源性疾病给公众身体健康与生命安全、社会、经济带来的严

重危害，WHO 建议各国采取强化的食源性疾病监测预警方法。通过与发达国家食源性疾病检测的比较和分析可知，食源性疾病监测和报告体系不健全，食源性疾病溯源实验室网络尚未建立，人群健康危害与食品污染监测信息的综合分析能力不强，是制约我国食源性疾病监测、预警、控制水平的主要原因[41]。

1. 对食源性疾病的重要性认识不足

我国对于食源性疾病，在政府投入、企业自律或是消费者关注等方面均重视不足，长期以来忽视了食源性疾病是首要的食品安全问题。由于缺乏准确的基础数据，我们无法全面地对各种食品安全事件造成的健康危害进行评价，对食源性疾病带来的经济损失和社会成本知之甚少，严重影响了我国公共卫生政策的制定和医疗资源的分配。同时，由于主动监测溯源系统敏感性不足，不能在早期就对上海毛蚶甲肝事件、安徽食源性感染 0157: H7 事件、三聚氰胺事件等食源性疾病暴发和其存在的食品安全隐患进行识别和预警，这些食品安全事件往往波及范围广，且后果严重，甚至会影响社会稳定。此外，在面对国际频发的食品安全事故中，各国对于中国食品的指责、偏见和怀疑，我国也无从应对。即使这些事件缺乏足够的证据，却仍然严重影响了我国的食品贸易和国家形象。

2. 食源性疾病监测和报告体系不健全

我国食源性疾病检测一直沿袭了食物中毒报告和疾病谱报告等被动监测模式。1989 年颁布的《中华人民共和国传染病防治法》，对以人-人传播的 39 种传染病施行法定报告制度，其中涉及霍乱、痢疾、病毒性肝炎等几种食源性传染病，大量非传染性的细菌、病毒和寄生虫引起的食源性疾病不在报告之中。1999 年，卫计委根据《中华人民共和国食品卫生法》（以下简称《食品卫生法》）制定颁布了《食物中毒事故处理办法》，对符合上报标准的食物中毒事件实施紧急报告制度。

2003 年的"非典"事件之后，为了解决突发公共卫生事件应对中存在的信息不准、反应不快、应急准备不足等问题，国务院颁布了《突发公共卫生事件应急条例》，对符合上报标准的重大食物中毒事件和传染病疫情实施应急报告制度。由此可见，我国的食源性疾病监测还是以食物中毒和疾病谱报告等被动监测模式为主，掌握的主要是少数几种已做出明确诊断的食源性传染病的发病率和同地区集中发生并完成流行病学调查的食物中毒事件，而实际上发生的个案病例和跨地区"集中发生，分散发现"的食源性疾病暴发（如三聚氰胺事件尚未得到有效的监测）同时出现，由于存在漏诊、误诊、漏报等客观原因，以及受我国食品安全分段监管模式的限制，疾病预防控制机构实际上无法掌握所有监管环节发生的食物中毒事件，另外，我国食物中毒事件往往与卫生城市的评选等政绩挂钩，政府干预因素也会导致一些瞒报现象的存在，因此，上报的也只是不完整数据。国家卫生计生委每年通常收到的重大食物中毒报告为 600～800 起，发病 2 万～3 万人，死亡 200～300 人，这与我国食源性疾病主动监测试点工作的结果存在巨大差异，说明通过被动监测统计的食源性疾病发生率永远只是食源性疾病真实发生数量的冰山一角。

我国急需建立与食源性疾病被动监测互为补充的主动监测系统，将监测范围扩大到医院甚至社区医院，采取"主动出击"的方式搜集食源性疾病病例和食品暴露等相关信息，有选择性地时刻监测特定病原体导致的食源性疾病，零星病例也被记录，减少漏报瞒报。更准确地反映我国食源性疾病的实际发病情况和趋势，对疾病负担进行全面评价和归因分析，满足风险评估所需的健康危害信息需求，从而制定有针对性的控制食品污染的有效策略。

3. 食源性疾病溯源分析能力尚处于起步阶段

《中华人民共和国食品安全法实施条例》第八条规定，"医疗机构发现其接收的病人属于食源性疾病病人、食物中毒病人，或者疑似食源性疾病病人、疑似食物中毒病人的，应当及时向所在地县级人民政府卫生行政部门报告有关疾病信息"。而实际上，医疗机构只能发现集中发生、人数较多，并同时就诊的食物中毒病人，而对于分散暴发或单个就诊的食源性疾病病人几乎不可能发现。食源性疾病的暴发识别，尤其是跨地区散在暴发的早期识别，已经成为当前食源性疾病预防控制面临的重要问题。一些跨地区远距离暴发流行造成的散发病例，必须经过流行病学调查以及对致病菌的溯源分析才能揭示其内在联系。当前国内食源性疾病的诊断仍停留在医生的临床诊断、有限的致病菌分离鉴定和简单的现场流行病学调查，食源性疾病的实验室确诊率极低。而发达国家已经不局限于此，分子溯源和监测技术已经成为控制食源性疾病的重要内容，并形成网络化，在发现新的食源性疾病、确定暴发流行以及扩散范围和其他流行病学联系、寻找污染源和传播途径、评估抗生素耐药性的环境生态风险性、在预警等方面发挥了重要作用。

我国在实验室检测能力、溯源能力、流行病学调查能力等方面与发达国家存在巨大差距。我国食源性疾病的监控也亟须推广现场流行病学、实验室检测及溯源技术相结合的监控模式，建立全国食源性疾病溯源实验室网络和各级溯源分析数据库，通过对食物病原菌与临床病原菌分离株的主要表型和基因型进行比对，分析其亲缘关系，确定病原菌主要的食品污染来源和污染模式，为食源性病原菌的追踪溯源（甚至是国际间的）提供有力的科学依据。

### 4. 监测数据共享和信息综合分析能力不强

食源性疾病监测、预警、控制体系是一项综合性工作，涉及众多监测技术机构和监管部门，尽管国家食品安全风险监测计划是卫生部门同其他相关部门联合制定并下发的，《食品安全法》对各相关部门在国家食品安全风险监测工作中的职责有明确规定，但各部门之间尚未形成协调的工作机制，继而导致"分段监测"的现象发生，并会出现监测资源分散、优势资源共享低以及信息沟通不畅等问题，而检测机制也尚未形成覆盖整个食物链的综合监测机制。我国还没有建立数据共享和信息综合应用平台，缺少信息的共享机制，无法形成有效的联动，不具备对监测数据进行分析研判、开展风险预警和隐患排查的条件，整个体系还不能满足发现系统性风险的需要。一是我国食源性疾病监测和报告职责在卫生计生系统，其内部不同监测报告系统，如传染病报告（其中的食源性传染病）、公共卫生突发事件（其中的食物中毒信息）、食源性疾病主动监测等与食品安全风险监测还没有实现信息共享。二是当前形势下各监管部门分段管理，各自数据库相互独立，信息孤岛问题严重。而通过流行病学调查和病源分析并确定食物链中的病因食品，是早发现、早预警、早控制食品安全隐患的关键环节。

对此，我们建议国家应充分考虑社会经济、医疗体制、食品安全等现状，利用和整合现有资源，加快建立各个部门间的信息沟通机制，切实做到资源共享，并积极探索建立与目前食品安全分段监管相适应的覆盖全食物链的食品安全风险监测综合体系，形成整个国家和区域食源性疾病监测信息系统的互联互通、资源共享的基础信息平台，构建监测、溯源、评估、预警一体的高效食品危害分析平台和涵盖食源性病原菌分离株的生化特征、血清分型、抗生素敏感性、DNA指纹图谱及相关的流行病学资料等信息的国家数据库。全面提高食源性疾病应急反应和指挥决策的能力加强食源性疾病的趋势监测和归因分析，掌握主要疾病的种类、地区分布、原因食品，确定我国食源性疾病的负担，推动干预措施。

5. 监测能力不足，检测机构监测能力参差不齐

具体表现为设备短缺、人员缺乏、经费不足等。各级监测机构用于食品安全检验检测上的仪器与设备总体数量不足，尤其是中西部地区，以及各省承担监测工作的地级市，其设备数量严重缺乏。此外，各监测技术机构普遍存在技术人员的大问题，从事食品安全风险监测的专业人员十分缺乏。尽管政府已经加大了监测的经费投入，但仍存在经费不足的问题。

此外，我国食品安全的监管对象一直仅限于已知的有毒、有害食品及食品原料，食品召回制度也只针对已经或可能引发食品污染、食源性疾病以及会对人体健康造成危害的食品。而对近来不断涌现的新食品、食品原料安全性，以及新涌现的生物、物理、化学因素，及食品加工技术对食品安全带来的影响和危害，并没有开展相对应的科学风险评估。

## 四、发展趋势

结合以上，食源性疾病的控制是未来食品风险监测发展趋势。

食源性疾病种类及数量不断增加的原因十分复杂，但大多都与经济的快速发展有关。食品工业规模化发展、食品流通广泛性、农场生产模式改变是导致食源性疾病发病率逐年升高的主要原因。另外，人群饮食模式改变，如对生鲜食品和未彻底断生食品的偏爱、从食品的加工到被消费的时间延长、在家中进餐群体数量减少等现象也是食源性疾病发病率攀升的原因。尽管集中饲养以及规模化的生产技术降低了生产成本，但一些环节的处理不当很有可能导致食品的成批污染，从而扩大危害[42]。而由于目前的食品销售网络多为跨地区、甚至跨国的，这类食品一旦产生食品安全性事件，庞大的食品流通系统使得污染食品快速、广泛流通，因此此类食品的发病趋势多以跨地区暴发的形式出现。此外，耐药菌株的广泛传播及多重耐药菌株的出现也是食源性疾病数量攀升的主要原因之一。抗菌药物的滥用导致的耐药性问题已严重威胁养殖事业、人类健康、国家安全以及全球稳定，并导致经济负担日益严重。以美国为例，为了应对各种耐药菌所致的感染，美国政府需要每年额外耗资 400 亿美元。为此，WHO 将 2011 年的世界卫生日主题定为"抗菌

药抗药性及其全球传播”，并发出严重警告：新生的、能抵抗所有抗菌药物的超级细菌，将把人类带回感染疾病横行的年代。

食品安全问题并非中国特有，它早已成为世界性问题，在欧美一些发达国家也时有食品安全问题发生。在美国、欧洲、日本等发达国家和地区，微生物引起的食源性疾病是其监测的首要重点，而化学污染、非法添加导致的食品污染则比较少，例如美国的花生酱受鼠伤寒沙门氏菌污染，木瓜受沙门氏菌污染、香瓜受单增李斯特菌污染，欧洲蔬菜制品受大肠埃希氏菌0104污染事件，德国1万多名儿童食用了受诺如病毒污染的食物而导致的中毒事件等。中国是发展中国家，整体食品安全水平，包括食品安全技术支撑、食品生产的工业化水平以及监管水平均与发达国家存在一定差距，此外，还存在地区经济发展不均衡，规模化程度不高，小、散及家庭作坊式企业居多，新的生活方式和传统饮食习惯并存等现状。因此，我国食源性疾病的成因及发病形式更为复杂，在食源性疾病散发的同时，仍不时有人数较多的集中暴发。如，1988年，上海市某些地区人群因食用受污染的毛蚶，导致上海大规模暴发了甲肝疫情，该疫情持续了两个月，感染者超过35万人，死亡31人。1999—2000年，在江苏、安徽、河南等地发生食源性感染0157H7事件，导致177人死亡。2008年，全国三聚氰胺奶粉事件涉及30余万名受害婴幼儿和儿童。此外，还有河北肉疙瘩肉毒杆菌中毒事件、北京福寿螺管圆线虫事件等。

我国目前仍处于社会主义初级阶段，食品安全基础条件薄弱，经济发展与环境保护之间的矛盾还没有彻底解决，诚信意识有待进一步增强。由于农药残留、重金属超标、非法使用添加剂等化学污染导致的食品危害仍会长期存在。与此同时，由致病性微生物所引起的食源性疾病也不容忽视。1992—2006年的国家食源性疾病监测网数据显示，在已明确病因的事件中，微生物性食源性疾病居首位，患者人数达111 792人，大约为化学性食源性疾病的两倍。卫计委于2011年开展的食源性疾病主动监测试点工作结果显示，监测地区（覆盖人口达1 377万）食源性感染人数为216万人次（发病率为0.16次/人年），大约每年每6.4人中就有1人发生食源性疾病。其中，沙门氏菌、副溶血性弧菌、志贺氏菌感染的发病率分别为1 336/100 000、823/100 000、255/100 000，每年感染总人数为617 192例。沙门氏菌感染发病率与全球平均水平（1 140/10 000）基本一致，低于国际上对中国的估计结果

（3 980/10 000），副溶血性弧菌和志贺氏菌感染发病率高于其他国家。这说明同发达国家一样，致病微生物导致的食源性疾病同样也是我国面临的首要食品安全问题。

由微生物、化学性危害引起的食源性疾病是我国主要食品安全问题，其中尤以致病性微生物为首要危害，如果不对其加以控制，不但会危及消费者的健康和生命，而且会导致生产力丧失以及产生沉重的经济负担。我国《食品安全法》明确规定了建立食品安全风险监测制度，对食源性疾病、食品污染和食品中有害因素进行监测。目前，我国已初步建立起污染物和有害因素监测网络，并已逐步在监管中担当了重要作用，但由于我国对食源性疾病的公共卫生意义早期重视不足，与发达国家相比，我国对食源性疾病的监测还是以食物中毒报告等被动监测模式为主，主动监测工作刚刚起步，尚且无法掌握食源性疾病的实际发病情况、发病人数和流行趋势，无法对疾病负担进行全面评价和归因分析，不能满足风险评估所需的健康危害信息需求，更无法制定有针对性的控制食品污染的有效策略。

## 第四节 相关法规解读

### 一、《食品安全法》相关法规解读

1. 食品安全风险监测计划

食品安全风险监测计划是针对食源性疾病、食品污染以及食品中的有害因素进行检测的具体计划。根据《食品安全法》规定，国家食品安全风险监测计划由国务院卫生行政部门会同原国务院食品药品监督管理、质量监督等部门制订、实施。有关部门根据分工，其承担的职责主要包括四部分：① 核实和通报食品安全风险信息；② 分析研究和判断；③ 及时调整食品安全风险监测计划；④ 加强沟通、密切配合。

2010 年由国家卫生与计划生育委员会联合工业和信息化部、国家工商总局、商务部、国家质检总局、原国家食药监总局等部门联合制订下发的《2010 年的食品安全风险监测计划》，是我国第一次范围达到全国规模的、多部门、全过程、经过科学设计的风险监测工作。其监测任务既包括对产品的一些常规监测，又涵盖对食品生产经营过程和特定危害因素的专项监测。

监测环节涵盖了食品生产加工、流通和餐饮消费各个环节，监测范围覆盖了31 个省、自治区、直辖市及新疆生产建设兵团。其中，化学污染物和有害因素包含了 29 类食品、132 个检验项目；食源性疾病致病菌包含了 8 大类13 种；食品中包含了 8 个主要食源性致病菌；食源性疾病监测包含了对全国31 个省、自治区、直辖市及新疆生产建设兵团的 312 个县有关医疗机构发现的异常病例和异常健康事件的主动监测。

此外，我国还制订了《进出口食品安全风险监测计划》。在"十三五"期间，我国明确提出要进一步严格进行进出口食品的安全监管。国家质检总局颁布的《2016 年进出口商品质量安全白皮书》显示，2016 年间，从 82 个国家及地区中检出不符我国食品法律法规及标准的、未经准许入境的食品达3 000 余批，合计 3 万吨，其价值高达 5 000 多万美元，同比增长率分别达到8.4%、325.2% 及 135.5%。2012—2016 年，全国进口食品接触产品批次的不良率由不到 4% 直接上升至近 10%，且其趋势呈逐年递升状态，表明进出口食品的质量安全问题亟待解决。

我国的进出口食品安全风险监测主管部门为国家质检总局进出口食品安全局，作为主管部门，其统一管理着全国范围内的进出口食品的安全风险的监控工作，并负责组织、制订年度的国家质检总局监测计划。在进出口食品安全风险监测主管部门之下，设立有监控秘书处、监控工作专家组共同协助进出口食品安全风险监测主管部门制（修）订当年的进出口食品安全风险监测计划。各个直属出入境检验检疫局的机构及其下部分设的分支机构、检验实验室，则主要负责制订及实施当年的年度直属局的食品安全风险监测计划。

国家质检总局在制订监测计划时，遵循两大原则：系统和科学原则。同时，其又可被细化为五大方面，包括监控产品、监控项目、抽样数量、判断标准和检测方法。

（1）监控产品

在选择监控产品时，应当优先选取在年度进出口食品安全风险评估报告中已被报告为风险较高的原料或是产品，除此之外，对我国国民经济有比较大的影响或是其进出口量比较大的食品也作为优先监测对象。

（2）监控项目

在选择监控项目时，应该优先考虑食品进口地区位于食品相关标准限量明显比我国严格的国家或者地区的风险项目；同理，也应当优先考虑食品出口地区位于食品相关标准限量明显比我国严格的国家或者地区的风险项目。通常而言，对于已经被列为日常的重点检测的项目以及处于实施期内的警示通报的项目，在原则上不能被列入监控计划。

（3）抽样数量

为了加强基础研究，提出适用于统计分析的最低的年度取样量。对于上年度已经被检出为不合格结果，且其结果较为集中、风险较大的产品或项目，应适当地增加监控地区以及抽样的数量；对于连续 3 年未被检出且风险较小的产品或项目，可以适当地减少抽样数量或取消对其抽样。

（4）判定标准

在确定判断标准时，出口监控的判定标准一般选取主要进口国或是地区的最严格或是较为严格的限量规定；进口监控的判定标准一般按照我国食品安全国家的标准确定。

（5）检测方法

在选择检测方法时，应当满足年度的《总局监控计划》的检测需求，同时应当满足在《进出口食品安全风险监测实验室质量控制指南》中要求的检测方法。

除了以上提到的五大方面，在监控计划中的监测项目和内容的选择上，还需要从五个方面进行综合考察审核：① 上年度的监控报告和风险评估报告；② 我国进出口食品的数量、种类、地区分布及其变化情况；③ 国内外有关食品安全的风险信息；④ 直属局拟承担下年度《总局监控计划》任务的建议及国外考察提出的合理化建议；⑤ 执行机构检测实验室检测能力及实际变化情况。

**2.《食品安全法》中的食品安全风险监测**

2009 年 12 月，国家卫生与计划生育委员会成立了第一届国家食品安全风险评估专家委员会。2011 年 10 月，国家食品安全风险评估中心正式成立，并开始在一些具备条件的省市，积极地筹建省市级的食品安全风险评估分中心。

国务院批准实施的《国家食品药品安全"十一五"规划》提出了加强食品安全监测，提升食品安全的检验检测水平，构建食品安全的信息体系，建立食品安全的评估评价体系，以及继续开展食品安全专项整治等几项重要任务。为了掌握全国范围内的食品和农产品的安全状况，国家卫生与计划生育委员会（原卫生部）和农业部着重对食品和农产品开展了重点监测工作，国家质检总局建立了食品安全风险的快速预警、快速反应系统，并开展了针对食品的生产加工环节的风险监测工作。

自 2000 年起，我国开始建立食品污染物监测网以及食源性疾病监测网，质检总局同期加强了对食品安全风险快速预警与快速反应系统的建设，截至目前，已经实现了对 17 个国家食品质检中心日常检验检测数据和 31 个省级、244 个地市级和 377 个县级食品污染物、食源性致病菌和食源性疾病监测点组成的全国食品安全风险监测网络。截至 2014 年 5 月，原国家食品药品监督管理局认证"食品生产许可获证企业"有 170 000 余家，食品添加剂的生产许可获证企业 3 000 余家，颁布《食品添加剂生产许可检验机构承检产品及相关标准》7 000 余条。

在我国《食品安全法》中，对于食品安全的风险监测，其主要围绕着"预防"原则展开。

预防原则是在风险社会的整体背景下的兴起并展开的。在风险社会的背景之下，预防原则应运而生。预防原则被广泛应用于环境政策或健康安全政策，是一个政策中常见的基本原则。

长期以来，食品安全的立法调控是在《产品质量法》《食品卫生法》等单行法律法规中进行制度设置的，总体来说，其在设计上缺乏整体的统筹规划和风险防范，从而导致近年来的食品安全事件频频发生。为彻底根本地解决分散立法在制度上的缺陷，我国专门制定了《食品安全法》，该法与《食品安全法实施细则》等法律配套实施，共同明确设立了食品安全风险监测制度，《食品安全法》及其配套法律对实现食品安全的全程监管、科学预防具有重大意义，为其提供了法律制度保障。在该法规中，其预防原则主要表现在以下几个方面。

（1）总体确立食品安全的预防原则

在《食品安全法》中，规定国家建立食品安全风险监测制度，并对食源性疾病、食品污染以及食品中的有害因素进行监测。国务院卫生行政部门连同国务院有关部门制订并实施国家食品安全风险监测计划。省、自治区、直辖市级的人民政府卫生行政部门依据国家食品安全风险监测计划，结合所在行政区域具体情况，组织制定以及实施本行政区域的食品安全风险监测方案。

总体来说,《食品安全法》明确并建立了食品安全的风险预防原则,这与现已作废的《中华人民共和国食品卫生法》在立法的总体原则上产生了具有重要意义的差异。《食品卫生法》从食品卫生、添加剂卫生及食品容器、包材和使用工具、设备卫生等角度出发,明确并制定所要规制的食品卫生安全标准,并从立法的角度出发,最后明确若违反该规定的法律责任,从总体上而言,《食品卫生法》依照的立法原则是事后监督,但该事后监督的立法原则,会引发牺牲公民的人身健康和安全作为代价。相比较之下,《食品卫生法》的事后监督原则被《食品安全法》中预防原则替代这一变更,显然是具有巨大的突破性进步的。

（2）明确了食品安全预防原则的实施主体

在食品安全的风险监测中,《食品安全法》确立了国务院卫生行政部门为全国范围内的食品安全监管主体,同时明确了农业行政、质量监督、工商行政管理、原国家食药监管等部门的风险信息采集及报告的职责。这一举措总体明确了国务院卫生行政主管部门为食品安全预防的主体,但尚未清晰界定卫计委同其他部门的职责权限、其同国务院在处理该问题的关系、其同各级地方政府在处理食品安全问题上的关系。

（3）明确食品安全预防的大致范围

食品安全风险评估在《食品安全法》中明确了食品安全预防的大致范围。国务院卫生行政部门负责组织开展食品安全风险的评估工作,并成立由医学、农业、营养、食品等多个领域方面的专家组成的食品安全风险评估专家委员会,由其对食品安全风险进行评估。

《食品安全法》规定,对于肥料、农/兽药、生长调节剂、饲料及其添加剂等物质的食品安全性评估,应组织隶属于食品安全风险评估专家委员会的专家参加评估。对于食品安全风险评估,应该采用科学的方法,依据食品安全风险的监测信息、科学数据以及其他相关信息进行评估。

（4）将风险评估作为食品安全标准制定的前置性程序

在《食品安全法》中,食品安全标准被归为食品风险评估的重要部分,此外,风险评估被列为食品安全标准制定的前置性程序。在《食品安全法》中,食品安全风险监测和评估与食品安全标准分别隶属不同章节的法律,但同时《食品安全法》规定:食品安全风险评估的结果是制定、修订食品安全标准的基础，国务院质量监督、工商行政管理以及原国家食药监部门应当按照各自职责，采取相应的措施，以保证食品及时地停止生产以及经营，同时应当及时告知消费者该食物存在的潜在危害并敬告其立即停止食用；对于需要制定、修订相关食品安全国家标准的情况，国务院卫生行政部门应立即制定、修订相关国家标准。该条文的正式确定意味着风险评估将成为食品安全标准的前置性程序，该条文的设置为食品安全标准的科学性提供了一般保证，但重要的是其在具体制定食品安全标准过程中，能否让风险评估发挥确实有效的作用，何况目前在食品安全的诸多领域缺乏统一的标准，或地方性标准也表现了很大程度上的空白。

## 二、《食品安全监督抽检和风险监测工作规范》解读

为规范食品安全监督抽检和风险监测（以下简称抽检监测）工作，保证程序合法、科学、公正、统一，原国家食品药品监督管理总局办公厅于 2014 年 3 月 31 日发布了《食品安全监督抽检和风险监测工作规范（试行）》。

2015 年 3 月 3 日，原国家食品药品监督管理总局办公厅为保证食品安全监督抽检和风险监测工作规范、有序实施，加急发布了《食品药品监管总局办公厅关于印发食品安全监督抽检和风险监测工作规范的通知（加急）（食药监办食监三〔2015〕35 号）》。《食品安全监督抽检和风险监测工作规范》共分七节，主要对抽检和风险监测中的抽样、检验、异议处理、结果审核分析利用、核查处置、结果发布、其他七个方面做了具体的规范介绍，接下来将就其中的几个主要重点进行简要的介绍。

1. 检验过程中的特殊情况

对于在检验过程中出现的特殊情况，应按照其相对应的程序进行处理。

（1）样品失效或者其他特殊情况

如样品失效或者其他特殊情况，遇到使得检验无法继续进行的，应按照如下程序进行报告：由承检机构依实记录情况，并辅助提供相应的证明材料，将有关情况上报对应负责抽检和风险监测的食品安全监管部门。

（2）被检样品可能具有严重危害的

如在抽检过程中发现被检样品可能具有严重危害，承检机构应在发现并

确认问题后，在 24 小时内填写《食品安全抽样检验限时报告情况表》，并将该《食品安全抽样检验限时报告情况表》及时报告给被抽样单位所在的地省级食品安全监管部门和秘书处，同时抄报至总局稽查局。

若是在对食品经营单位进行抽样时发现被检样品可能具有严重危害，还应在《食品安全抽样检验限时报告情况表》中标识出该经营单位或生产者住所地所在的省级食品安全监管部门。同时，承检部门应该把该情况表上传至中国食品药品检定研究院中的"食品安全抽检监测信息管理系统"，以便将该信息通过系统传送至相关单位。

2. 出现异议情况下的处理

被抽样食品的生产经营者（以下简称复检申请人）若对检验结论存在异议，可以在收到食品安全监督抽检不合格的检验结论当日起的 5 个工作日内，在已公告的食品复检机构的名录中选择复检机构，并对其提出书面的复检申请，并要说明申请复检的理由。在食品经营单位抽样时，被抽样单位或标称的食品生产者若对检验结论有异议的，需在双方协商统一后，由两方中的一方提出。凡是涉及委托加工关系的，委托方或是被委托方若对检验结论存在异议的，需在双方协商统一后，由其中一方申请提出复检。

凡是处于以下情况，复检机构可以直接驳回复检申请人的复检申请：（1）检验结论显示样品中微生物指标超标的；（2）复检备份样品已经超过保质期的；（3）逾期才提出复检申请的；（4）其他原因导致备份样品无法被复检的。

# 第三章　食品安全风险评估

# 第一节　风险评估概述

## 一、相关概念

食品安全风险评估指的是对食品、食品添加剂中生物性、化学性和物理性危害对人体健康可能造成的不良影响所进行的科学评估[43]。其中，危害和风险是其最基础的两个概念，明确危害和风险的定义是进行风险评估研究的起点。CAC 对危害和风险的定义分别如下。

危害：食品中存在或因条件改变而产生的对健康产生不良作用的生物、化学或物理等因素。

风险：食品中的危害因子对健康产生不良作用的概率和严重程度的函数。

食品安全风险评估，是指对食品、食品添加剂，食品中生物性、化学性和物理性危害因素对人体健康可能造成的不良影响所进行的科学评估，具体包括危害识别、危害特征描述、暴露评估、风险特征描述等四个阶段。危害识别是指根据相关的科学数据和科学实验，来判断食品中的某种因素会不会危及人体健康的过程。危害特征描述，是某种因素对人体可能造成的危害予以定性或者对其予以量化。暴露评估，是通过膳食调查，确定危害以何种途径进入人体，同时计算出人体对各种食物的安全摄入量究竟是多少。风险特征描述是综合危害识别、危害描述和暴露评估的结果，总结某种危害因素对人体产生不良影响的程度。食品安全风险评估是一项以科学为基础的工作，它的整个过程会运用到很多食品相关领域的专业知识，得出的数据必须精准无误，才能够有效评估可能存在的各种风险。

## 二、主要研究对象

食品安全风险评估是一个科学、客观的过程，必须运用科学方法，遵循客观规律，并根据食品安全风险监测信息、科学数据以及其他有关信息进行。识别和界定食品安全问题的特征和属性，明确食品安全问题的主要研究对象是实施风险评估的基础。除了食品本身的营养成分外，食品中的化学物质多种多样，据其来源可将其分为[44]：生物毒素、衍生毒物、化学污染物和食品添加剂。

### 1. 生物毒素

生物毒素是生物体在代谢过程中所产生的特殊毒物，根据其来源，可将其分为以下四种：① 动物毒素，即由动物产生的毒素，如河豚毒素、蟾蜍毒素、蝎毒素等；② 植物毒素，即由植物产生的毒素，如生物碱、氰薯类、植物凝集素、胆碱酯酶抑制剂、毒肽与毒蛋白等；③ 真菌毒素，是真菌在生长繁殖过程中产生的次生有毒代谢产物，如黄曲霉毒素、赭曲霉毒素、玉米赤霉烯酮等；④ 细菌毒素，分为内毒素和外毒素。内毒素是革兰阴性菌细胞壁中的脂多糖成分，而外毒素则是病原菌生长繁殖过程中分泌到菌体外的一种代谢产物，其主要成分为蛋白质。

### 2. 衍生毒物

衍生毒物是食品在制造、加工（包括烹调）或贮存过程中，在热、光、氧、酶或其他物质作用下，其固有成分与外源成分（如污染物、食品添加剂）发生化学反应或酶反应，或是食品本身因发生化学降解而形成的有毒物质。衍生毒物可分为热解有机毒物、非热解毒物、油脂氧化物以及污染物反应产生的毒物等。

### 3. 化学污染物

食品中的化学污染物种类繁多，其受污染的途径包括：① 工业三废（废气、废水和废渣）排放所导致的环境污染（如重金属污染），可通过空气、水、土壤对食品造成直接或间接的污染，并且某些污染物（如镉、汞）还可通过食物链富集，在食品及人体内达到更高的浓度；② 动植物在养殖过程中所使用的化肥、农药、除草剂、植物生长调节剂、瓜果蔬菜保鲜剂、动物饲料添加剂、兽药等，均有可能残留在食品中；③ 食品加工、烹调、贮存和运输所使用的炊具、器皿、容器和包装材料中含有的化学物质可迁移污染食品。土壤和水中的天然有毒无机物被植物、禽畜和水生动物吸收、蓄积，有的甚至可达能引起人体中毒的水平，如硝酸盐、汞、砷、硒等。

### 4. 食品添加剂

食品添加剂是为了改善食品品质和色香味以及为保鲜、防腐和加工工艺需要而加入食品中的人工合成或是天然物质。食品用香料、胶基糖果中的基础剂物质、食品工业用的加工助剂也包括在内。在食品生产加工过程中，按照《食品安全国家标准 食品添加剂使用标准》（GB 2760—2014）[45]的规定，按照标准严格使用食品添加剂是安全的，若滥用或超范围使用食品添加剂则可能对人体健康造成危害。

## 三、主要特征

如前所述，风险分析是由风险评估、风险管理和风险交流三部分组成的结构化过程。风险分析不是一个单向的过程，而是一个由风险评估、风险管理和风险交流三部分组成的循环往复、持续进行、相互反馈的过程。每当获得新的科学证据或相关数据、信息，或是新的风险管理效果反馈，就需要重复进行相关步骤或重新开展一轮风险分析过程。风险分析的本质特征就是风险管理者、评估者以及其他各利益相关者之间的不断互动。即使已制定或实施某项风险管理决策，也并不意味着风险分析已经结束，后续还需要对风险决策的执行情况、效果及影响进行定期监控和评估，且需要根据科学证据等相关信息的完善或更新，针对已实施的监管措施做出相应调整。风险分析是一门系统性的科学，需要从多学科视角（"从农田到餐桌"全过程控制的方法，涵盖科学、社会、经济、政治等多方面的综合理念）、多来源的数据信息（来源于产业界、学术界、公众媒体等领域的数据信息）以及综合分析法等方面进行分析。风险分析的实施过程依托于公开、透明、开放的体系，并需要各方的参与、互动以及交流。

对于每一个特定的风险评估，由于待评估危害物质或食品安全时间的类型和特性，数据信息的掌握程度等方面不尽相同，具体评估过程各有特点，尽管如此，各项风险评估过程仍然包含了一些具有共性的基本特征[44]。

1. 以科学为基础，客观、透明，并可供进行独立评审

所有风险评估都应该是客观、中立、独立、透明的。评估工作由科研工作团队独立完成，评估结果完全基于科学证据，而不受科学以外的其他因素影响（例如风险的经济、政治、法律或社会环境等因素）。评估过程透明、公开、记录完整，评估报告需尽可能以风险管理和其他利益相关方能够正确理解的语言描述科学原理、评估过程、评估方法和评估结果，并明确阐述评估中应用的所有假设、可能包含的各种不确定性和变异性。

2. 既与风险管理职能分离，又保持交流互动

在理想情况下，风险评估和风险管理应在不同的机构内或由不同的人员分别进行，以保障评估过程所应具有的独立于法规政策和价值标准之外的科

学性。然而，在具体实践中，由于资源和人力等因素的限制，有时很难完全做到明确界定风险评估者、风险管理者和风险交流参与者的职能权限，在某些情况下，有些人可能同时承担着风险评估者和风险管理者的双重角色。若由不同的机构或人员分别负责风险管理和风险评估工作，职能分离则较容易实现。然而，需要指出的是，作为风险分析整体框架的有机组成部分，在尽可能做到职能分离的同时，风险评估者与风险管理者之间保持互动式充分交流对于提高风险分析的整体效能十分重要。

3. 遵循结构化和系统化的程序

一项完整的风险评估由危害识别、危害特征描述、暴露评估和风险特征描述四个步骤组成。继危害识别之后，这些步骤的执行顺序并不固定，通常情况下，随着数据和假设的进一步完善，整个过程要不断重复，其中有些步骤也要重复进行。

4. 明确阐述风险评估中的不确定性、来源及其对评估结果的影响

风险评估是一个以已知数据进行科学推导的过程，不可避免地会包含不确定性。在对食品中的化学物进行定量风险评估的过程中，由于所选用的数据、模型或方法等方面的局限性，如数据不足或研究证据不充分等，均会对风险评估结果造成不同程度的不确定性，因此，风险评估报告中，还需要对各种不确定因素、来源及对评估结果可能带来的影响进行定性或者定量描述，为风险管理者的决策制定提供更为全面的信息。

5. 如有必要，应进行同行评议

同行评议加强了风险评估的透明度，并能针对某个特定食品安全问题进行更为深入、广泛的讨论，当有以下几种情况，需考虑进行同行评议：① 采用了新的科学方法进行评估；② 对采用了不同的国际公认评估方法和不同来源的数据资料的同类风险评估结果进行综合分析和比较；③ 因有新的科学信息或者数据资料更新，需要对风险评估结果进行审议和更新。

## 四、风险评估的意义

作为安全风险分析的重要环节，食品安全风险评估是国际通行的制定食品法规、标准和政策措施的基础。在食品安全风险监测体系持续优化的基础上，我国持续开展食品安全风险评估工作，并取得了新成效。对于食品安全

政府监管机构而言，成功实施风险分析所需的其他关键条件包括政策制定和实施层面上的政府官员和决策者，他们能理解风险分析及其对公共卫生的价值有足够的科学技术水平，能够在必要时进行国家层面的风险分析有各重要相关团体的支持和参与，包括学术界、消费者、企业界、媒体等。

开展食品安全风险评估具有几个方面的重要意义：① 不仅是国际通行做法，也是我国应对日益严峻的食品安全形势的重要经验；② 可以为国务院卫生行政部门和有关食品安全监督部门决策提供科学依据，对于制定和修改食品安全标准和提高有关部门的监督管理效率都能发挥积极作用；③ 对于在 WTO 框架协议下开展国际食品贸易有重大意义；④ 使食品安全管理由末端控制向风险控制转变，由经验主导向科学主导转变。

# 第二节　风险评估基本步骤

风险评估是风险分析框架的科学核心部分[46]。其最初是因公众健康保护决策制定的需要，又同时面临科学的不确定性而发展起来的。风险评估是应用科学原理和技术对危害事件发生的可能性和不确定性进行科学评估的过程，科学技术是基础支撑，主要基于自然科学，如毒理学、流行病学、微生物学、化学等方面的知识，就危害物对人体和环境暴露所造成危害的可能性和严重性进行评估。由于风险本身往往缺乏直接可见的人体不良反应症状，并且存在一定的不确定性混杂因素，因此有必要对风险评估过程制定程序化框架，以保证风险评估的质量和可比性。国际食品法典委员会将风险评估定义为一个以自然科学为基础的过程，由危害识别、危害特征描述、暴露评估以及风险特征描述四个步骤组成。

## 一、危害识别

危害识别是指确定某一种或某一类特定食品中可能引起健康损害效应的生物性、化学性或物理性因素的过程。生物性危害为致病性细菌、真菌、病毒、寄生虫等生物因子对食品安全生产的危害；化学性危害为食品添加剂中的化学成分、农药和兽药残留等化学因素对食品安全造成的危害；物理性危害主要为高温、冰冻等物理条件或掺入金属碎屑等物理杂质对食品安全造成的危害。界定食品安全危害是"生物性""化学性"还是"物理性"危害，是对食品安全进行风险评估步骤中的危害识别的重要阶段。只有基于这一界定，才能判断出食品安全的危害性质及危害程度，继而选择合适恰当的食品安全风险评估手段[47]。

危害识别是风险评估研究的基础，其目的是明确食品中的危害物质对人体可能产生的健康损害效应，以及产生这种损害效应的可能性、不确定性。危害识别的主要内容包括：危害物质属性、人体暴露来源、体内代谢机制、可能产生的毒性及其他的作用机制等。危害识别是基于对多种来源的研究数据的综合分析，可被用于危害识别的数据资料主要包括：人群的流行病学研究、动物实验研究、体外实验研究、构-效关系研究等。不同类型的研究所提供的证据强度不同，从高到低依次为：流行病学研究>动物试验研究>体外试验>构-效关系研究。因此，在选用合适的数据资料进行危害识别时，需对不同来源的研究数据进行充分研究，整合现有的研究资料来确定危害的毒性或其健康损害效应的特点，并确定毒作用的靶器官或者靶组织。

在危害识别过程中，存在不确定性和变异性，而导致不确定性与变异性的主要有三个因素。

① 错误分类因素。即认为一种因素是危害，但实际上该因素却不是危害，反之亦然。

② 筛选方法的可靠程度。包括确定一个危害的准确性和检测方法在每次操作时的重复性。

③ 外推问题。因为试验所得的结果都要依靠外推，进而预测研究对象对人体产生的危害。流行病学研究主要被用于预计未来人群摄入的影响，而真正使用流行病学数据外推方法来预测人群的未来健康危害是极少的，这是因为流行病学数据不易获得，因此使用流行病学数据外推这种方法的案例很少。而其他检测方法却完全需要通过外推来预测可能对人群产生不良的作用。

## 二、危害特征描述

危害特征描述是指对食品中生物性、化学性和物理性因素产生的健康损害效应进行定性和（或）定量描述。对化学因子，应采用剂量-反应关系评估；对于生物因子或是物理因子，在能获得相关数据的情况下，也应进行剂量-反应关系评估[47]。

危害特征描述的主要目的是描述食品中某种危害物质的剂量（或暴露量）与某种不良的健康损害效应的发生率的联系，其关键在于确定临界效应，即随着剂量（或暴露量）的增加，最先观察到的不良效应时的剂量（或暴露量）。危害特征描述一般包含两层含义：一是确定危害-效应关系是否存在；二是在确定这种关系存在的基础之上，建立剂量-反应模型，即采用数学模型的形式对人体摄入的有害物质剂量（或暴露量）与人体产生不良反应的可能性的联系进行描述。

在危害特征描述过程中，可采用动物试验研究、体外试验研究等毒理学试验数据或人群流行病学研究的数据资料来进行剂量-反应关系评估，并运用数学模型拟合剂量-反应关系曲线。危害特征描述的核心内容是获得安全剂量的起始点（或参考点），如观察到的有害作用剂量、最小观察到的有害作用剂量、基准剂量下限值等。对于有毒作用阈值的物质，在危害特征描述这一步骤中，通常能推导出经食物摄入该危害物质的健康指导值，如在食品添加剂、农药残留或兽药残留领域常说的每日允许摄入量（Acceptable Daily Intake，ADI），适用于污染物的可耐受摄入量（Tolerable Intake，TI）等。对于无阈值的危害物质，可结合暴露评估对该物质的暴露限值进行估计，对特定暴露水平下的风险进行定量估计。对于某些食品添加剂，在根据毒理学等资料进行评估后，评估结果认为该种物质毒性很低，且根据其在食品中的使用量所估算的膳食摄入总量不会对人体健康造成任何可预见的损害效应，则可能没有需要或者必要制定其具体 ADI 值。

风险评估中的危害识别和危害描述经常会出现交叉现象，这要依据评估的具体对象和所获取的可用数据量，其区别主要为是否需要进行危害描述中重要的剂量-反应评估。食品中的各类化学性危害物含量通常不高，一般均在 mg/kg 级或更低水平，而在进行动物毒性试验时依据药物内在的毒力，试验通常采用高剂量甚至几千个 mg/kg，继而通过动物产生的高剂量不良反应推测人群暴露的剂量-效应关系。

## 三、暴露评估

暴露评估是对可能经食品或其他相关途径暴露的情况进行定性和

（或）定量估计[47]。

暴露评估是实现风险量化的重要步骤。暴露评估过程中，通过合适的数学模型，可以将食品中的危害物质的浓度数据和食品消费量数据相结合，从而计算得到待评估物质的膳食暴露估计值，将其与健康指导值进行比较，可量化暴露风险。根据暴露持续时间的长短，膳食暴露评估可分为两类：急性暴露评估和慢性暴露评估，急性暴露是指在 24 h 内的短期暴露，慢性暴露则指每天暴露并持续终生的长期暴露。无论是急性暴露还是慢性暴露，一项完整的暴露评估理论上应该覆盖一般人群和重点关注人群。重点人群主要指易感人群或是与一般人群暴露水平有明显差异的人群，如婴幼儿、儿童、孕妇、老年人以及素食者等。

对膳食进行暴露评估的方法有很多，对于不同类型的化学物（如环境污染物、农药残留、兽药残留、食品添加剂等），可采用相似的方法进行膳食暴露评估。在选用合适的暴露评估模型和食品消费量、有害物浓度数据来进行膳食暴露评估之前，必须先明确暴露评估目的，从而根据评估目的选用相应的数据和方法模型。理想的暴露评估应是利用最少的资源来发现食品中可能需要引起关注的物质。目前国际上已经制定通用性的原则来规范和指导暴露评估，以确保风险评估结果的一致性、准确性和可比性。在多数评估框架中，一般选择利用较少资源进行保守估计的筛选法作为暴露评估起点，并采用分步式或分层式的方法逐步评估。采用分步法，可以将食品中无安全性问题的物质快速筛离，而对可能存在安全隐患的物质，则采用更为精确的方法和更具特异性的数据进行准确评估。

暴露评估过程往往是基于特定的假设和数学模型，因此在结果描述时应注意以下原则：

① 详细描述暴露评估方法，包括所选用的模型、数据、假设、局限性和不确定性；

② 阐明在暴露评估中所采用的有关食品中化学物浓度数据和食品消费量数据来源或假设；

③ 评估结果应包括一般人群和高暴露人群膳食中待评估物质的摄入水平，并说明其计算过程。

### 四、风险特征描述

风险特征描述是根据危害识别、危害特征描述和暴露评估的结果，对特定人群发生已知或潜在的健康损害效应的可能性、严重程度、不确定性进行定性和（或）定量估计[47]。作为风险评估过程的最后步骤，风险特征描述是对前三个步骤信息的整合，通过综合分析评估潜在风险，可为风险管理的决策制定提供适宜的建议。风险特征描述过程将评估在不同的暴露情况下，危害物质对人体健康的潜在风险。在进行风险特征描述的过程中，特征描述向风险管理者提供的信息（或建议）可以是定性，也可以是定量的。

定量描述信息通常包括：① 一般人群和重点关注人群膳食中待评估物质的暴露水平与健康指导值的比较；② 不同膳食暴露水平下的风险估计，包括极端膳食暴露水平下的风险估计；③ 暴露限值（Margin of Exposure，MOE）。

定性简述的内容包括：① 评估物不需要引起毒理学关注的说法或证据；② 待评估物质在按规定使用前提下相对安全的说明或证据；③ 避免、尽可能减少或降低暴露水平的建议。

风险特征描述时，应注意是否已包括所有关键假设，并描述人体健康损害风险的特性、相关性程度以及对消费者、风险管理部门的建议。风险特征描述应包括对任何在风险评估过程中由于科学证据不足可能带来的不确定性进行明确的解释和描述。另外，若存在易感人群（高暴露风险人群、处于特殊生理状态或存在遗传易感因素），还应当包括其相关的信息。

## 第三节　风险评估常用技术

### 一、危害识别常用技术

随着社会经济不断发展，新的农业栽培技术、食品加工和保存方法、食品资源与合成食品和外源性食品污染物等不断涌现，亟待安全风险评估。危害识别则是食品安全风险评估的第一个步骤[48]。当人体暴露在一种化学物质之下，会对人体健康造成的潜在负面影响，对化学危害物的危害识别是为了识别这种负面影响发生的可能性以及与其相关联的确定/不确定性。危害识别不是对暴露人群的风险进行定量外推，而是对危害物质对暴露人群产生不良作用的可能性作定性评价。由于化学危害物的危害识别数据不足，因此在识别过程中常借助一些权威机构或者是已经发表和未发表的文献，或是查阅有关数据库资料等，同时也可根据一些急性/慢性化学危害物的人体流行病学数据进行评估。该方法对不同研究的重视程度从高到低依次为：流行病学研究>动物毒理学研究>体外试验>构-效关系。接下来依次简要介绍这几种研究方法。

（一）流行病学研究

若能获得阳性流行病学研究数据，应将其应用于风险评估中。如果能够从临床研究获得数据，应将其充分用于危害识别及其他步骤中[49]。但实际上，大多数化学物的临床和流行病学资料都难以获得。此外，由于多数流行病学研究的统计学力度不足以发现人群中低暴露水平的作用，导致阴性的流行病学资料难以解释风险评估。风险管理的决策不能由于过于依赖流行病学研究而被耽搁。

此外，若采用流行病学研究进行评估，则必须采用公认的标准的程序。在流行病学研究设计或应用阳性流行病学数据过程中，必须考虑以下因素[50]：不同人群的个体差异敏感性、遗传所致的易感性、年龄和性别所致的易感性，以及其他如社会经济地位、营养状况及其他可能的复杂影响因素。

流行病学研究所需费用昂贵，且能够提供类似的研究数据十分有限，因此危害识别主要以动物试验和体外试验的数据作为依据。

（二）动物毒理学研究

动物试验与体外试验相比，能提供更为全面的毒理学数据，同时动物试验还具有标准化的试验条件，可应用侵入性的手段检测出更多效应，可研究剂量反应关系等优点。因此，目前危害识别中绝大多数毒理学资料主要来自动物实验[51]。

在进行动物试验时，应当遵照科学界广泛承认的标准化试验程序［如联合国经济合作发展组织（Organisation for Economic Co-operation and Development，OECD）、美国环保署（Environmental Protection Agency，EPA）等］，但无论采用哪种程序，所有研究都应遵照良好实验室操作规范以及标准化质量保证/控制系统来进行操作。在一般情况下，化学危害物的风险评估是可以使用充足的、最小量的有效数据，其主要包括规定的品系、数量、性别，以及正确的选择剂量、暴露路径以及充足的样品数量。

目前的动物试验主要包括体内试验、短期试验与体外试验研究、动物替代试验等[52]，下面将分别进行介绍。

1. 体内试验

长期（慢性）的动物毒性研究数据至关重要，应当着眼于有意义的毒理学作用终点，主要包括肿瘤、生殖/发育影响、神经毒性作用和免疫毒性等[53]。短期（急性）的毒性实验动物研究数据也是有用的，也应有相对应的数据。实验动物毒理学研究用来识别无可见作用剂量水平、无可见不良作用剂量水平或临界剂量。为了尽量避免出现假阴性，可以选择足够高的剂量，通常采用最大耐受剂量。

实验动物研究不仅需要确定潜在的不良作用，还要确定其风险性和作用机理等。体内和体外的研究结果可以强化对药物动力学和药效的作用机理的研究理解，然而大多情况下无法获得类似这样的信息。风险评估过程不应受药物动力学和药效的作用机理不明影响而耽搁。

给药剂量和药物作用剂量的资料有助于评价作用机理与药物代谢动力学数据。评估应当考虑化学危害物特性（给药剂量）和代谢物毒性（释放剂量）。基于这种考虑，应该研究化学危害物的生物利用率（原形化合物、代谢产物的生物利用率）具体到组织通过特定的膜吸收（如肠管等消化道的吸收），在体内循环，最终到作用靶位，这对于化学危害物的评估是非常重要的。

毒理试验的范畴不应一概而论，并且取决于物质的特性以及可接受水平的人体暴露。动物毒理学研究用于揭示其主要的生物体系，通常包括急性毒性、慢性毒性、遗传毒性、生殖和发育、致癌性和器官毒性，有时也包括神经毒性、免疫毒性的作用终点。动物试验的设计应考虑到找出无可见作用剂量水平（No-observed Effect level，NOEL）、无可见不良作用剂量水平（No-ob-served Adverse Effect Level，NOAEL）或者最大耐受剂量（Maximal Tolerable Dose，MTD），即根据这些终点来选择剂量。对于人体必需微量元素，如铜、锌、铁，应该收集适宜需要量与毒性之间关系的资料。动物试验的选择可根据待测生物参数的敏感度。

在安全评价时，假设人体至少和最敏感的动物一样。动物试验必须遵循科学界广泛接受的标准化试验程序。在有些情况下，动物试验不大适合推测对人体的作用、可以用体外试验来研究一般毒性和反应机理。

毒理学研究的目的是研究外源化学物对人体的损害作用（毒作用）及其机制，但在人体的实际研究上难以实现，毒理学试验主要是借助于动物模型模拟引起人体中毒的各种条件，观察实验动物的毒性反应，再外推到人。在毒理学体内试验中应当遵循下列三个基本原则。

（1）外推原则。哺乳动物和人体在解剖、生理和生化代谢过程方面有很多相似之处，因此，动物试验的结果可以外推到人。生物学试验的前提基于两个假设：① 人是最敏感的动物物种；② 人和实验动物的生物学过程与体重或体表面积相关。以单位体表面积计算，外源化学物对人和实验动物产生毒作用的剂量通常相近似，而以体重计算则人通常比实验动物敏感，差别可能达 10 倍，因此可以利用安全系数来计算人的相对安全剂量。一般认为，如果某一化学物质对几个物种实验动物的毒性是相同的，则人的反应也可能是相似的。

（2）高暴露原则。毒理学试验中一般要设 3 个或 3 个以上剂量组，以观察剂量-反应（效应）关系，确定外源化学物引起毒效应及其毒性参数。当引起毒效应的最低剂量（Lowest Observed Adverse Effect Level，LOAEL）与人的暴露剂量接近时，说明该化学物不安全；当该剂量与人的暴露剂量有很大的距离（100 倍或以上），才认为具有一定安全性，此距离越大，安全性越可靠。在毒理学试验中试验模型所需的动物远少于处于危险中的人群，为了从动物试验中得到有统计学意义的可靠数据，需要应用相对高的剂量，检测效应发生的频率，然后根据毒理学原则外推估计低剂量暴露的危险性。

（3）相同暴露途径原则。外源化学物以不同途径染毒，实验动物表现的毒性可能有很大差异，这是由于染毒部位解剖生理特点不同，外源化学物吸收进入血液的速度和量也不同，首先到达的器官和组织也不同。因此，毒理学试验中染毒途径的选择，应尽可能模拟人接触该受试物的方式。

在毒理学试验设计过程中，一般需要遵照以下四个原则。

（1）试验设计基本原则。在毒理学研究中，由于个体差异较大，试验结果较为分散。为了能有效地控制随机误差，避免或减少非处理因素的干扰，以较少的试验对象取得较多而且可靠的试验数据，探明外源化学物对生物体作用的普遍规律。

（2）随机原则。随机原则是指在抽样时，使总体中每一个体都有同等的机会被抽取；在分配样本时，确保样本中的每一个体都有同等的机会被分配到任何一个组中。在进行毒理学动物试验时，动物必须随机分组，最常用的方法是完全随机或随机区组的方法。

（3）重复原则。重复原则是指随机抽取的样本应有一定数量的重复观察结果。随机原则能在很大程度上抵消非处理因素所造成的偏差，但不能全部消除其影响。当观测的结果具有变异性时，为了显示随机变量的统计规律性，必须有足够数量的重复试验数据，在大多数情况下通过各组适宜的样本量来体现，样本量越大，越能反映总体参数的客观、真实情况。样本量应考虑到统计学的要求，在保证试验结果可靠性的前提下，选择适宜的样本量，以控制实验规模和成本。

（4）对照原则。对照原则是指在试验时针对试验组设立可以对比的组。通过对照可以鉴别处理因素与非处理因素的差异及处理因素的效应大小，消除和减少随机化原则所不能控制的抽样误差及试验者操作熟练程度等所造成的差异。毒理学试验中常用的对照形式有以下几种：未处理对照（空白对照）、阴性对照（溶剂/赋形剂对照）、阳性对照、自身对照及历史性对照。

动物毒理学试验按照是否为急性，可分为急性、亚急性、亚慢性、慢性毒性试验；按照毒性作用的对象不同，可分为遗传毒性、致畸、生殖发育毒性、神经毒性、内分泌毒性以及免疫毒性试验。接下去将简要进行介绍[54]。

（1）急性毒性试验

食品安全急性毒理学试验的短期试验主要为急性经口毒性试验和短期喂养试验两大类。急性经口毒性指一次或在 24 小时内多次经口给予受试物后，实验动物在短期内出现的毒性效应，多采用半数致死量（$LD_{50}$）表示。半数致死量（$LD_{50}$）是指受试物经口一次或 24 小时内多次给予受试物后，经统计得出的能够引起动物死亡率达到 50% 的剂量。$LD_{50}$的单位为单位体重摄入受试物的质量，表示为 g/kg BW① 或 mg/kg BW。

而短期喂养试验是在连续 7 天内多次经口给予受试物后，通过检查动物生理指标、生化指标以及病理指标，判定实验动物出现的毒性效应。急性经

---

① BW：Body Weight，体重。

口毒性试验是评价受试物短期毒性作用的试验，在短期内观察动物的中毒体征和死亡，通常也用 $LD_{50}$ 表示试验的结果。急性经口毒性试验可提供受试物的短期给予所产生的健康危害信息，为进一步的毒性试验提供剂量选择的依据，并可初步估计毒作用的靶器官。急性毒性试验可以作为受试物急性毒性分级的依据。

（2）亚急性和亚慢性毒性试验

亚急性毒性试验是经急性毒性试验后，进一步观察经口连续 28 天或 30 天给予受试物后引起的毒性效应，包括对动物生长发育的影响，了解受试物剂量-反应关系和毒作用靶器官，确定经口亚急性毒性的最小观察到有害作用剂量和未观察到有害作用剂量，初步评价受试物经口食用的安全性，并为下一步的亚慢性毒性和慢性毒性试验提供剂量、观察指标、毒性终点的选择依据。

亚慢性毒性试验是了解实验动物在不超过其寿命期限 10% 的时间内（大鼠通常为 90 天）经口重复给予受试物后引起的毒性效应，提供在急性及亚急性毒性试验中发现或未发现的毒作用新的补充证据，了解受试物剂量-反应关系、毒作用靶器官和损害的可逆性，得出 90 天经口观察到最小有害作用剂量和未观察到有害作用剂量，初步确定受试物的经口安全性，为慢性毒性试验剂量设计、观察指标、毒性终点的选择提供依据，并可获得"暂定的人体健康指导值"，初步提出安全食用限量的参考依据。亚急和亚慢性毒性试验的设计方案和试验方法大致相同，其试验准备、试验步骤和观察指标相同，因此试验准备工作也相同。

（3）慢性毒性试验

慢性毒性试验是指长期重复给予实验动物某种受试物，通过表现出来的毒性作用来判断受试物的大体毒作用。在 OECD、US EPA、EU 的规范中，一般规定时间至少为 12 个月。慢性毒性试验的目的是寻找受试物作用的靶器官，并且了解受试物的剂量-反应关系，同时确定未观察到有害作用剂量和最小观察到有害作用剂量。

（4）遗传毒性实验

遗传毒性指对基因组的损害能力，包括对基因组的毒作用引起的致突变性及其他各种不同效应。遗传毒理学是研究化学性和放射性物质的致突变作用以及人类接触突变物可能引起的健康效应。遗传毒性试验主要包括九大类：细菌回复突变试验、哺乳动物红细胞微核试验、哺乳动物骨髓细胞染色体畸变试验、小鼠精原细胞或精母细胞染色体畸变试验、啮齿类动物显性致死试验、体外哺乳动物细胞 DNA 损伤修复非程序性 DNA 合成试验、体外哺乳类细胞 HGPRT 基因突变试验、体外哺乳类细胞 TK 基因突变试验、体外哺乳类细胞染色体畸变试验。在对受试物的遗传毒性进行评价时，可以根据受试物的性质及国际上认可的规范指南推荐的试验组合，对其进行全面的评价。

（5）致畸试验

致畸作用是指母体怀孕期间接触化学物质，影响胚胎发育，器官分化异常，导致形态和机能缺陷，出现胎儿畸形的过程。传统致畸试验是通过观察受试物对母体子宫内的胚胎或胎儿的毒性作用，包括外观、内脏和骨骼畸形，对受试物的胚胎毒性进行评价的一种方法。通过这一试验来判断受试物是否有致畸性，并且可以确定化学物胚胎毒作用的阈剂量，为化学物的风险评估提供信息。

（6）生殖发育毒性试验

生殖毒性是指对后代的有害作用，或损害雄性或雌性的生殖功能或生殖能力。发育毒性是生殖毒性的一种表现，阐述后代在出生前、出生期间及出生后的结构和功能缺陷。

生殖发育毒性试验包括 F0、F1 和 F2 三代，F0 和 F1 代观察的是生殖毒性，给予受试物 F2 代是观察功能发育毒性。提供例如性腺功能、交配行为、受孕、分娩、哺乳、断奶以及子代生长发育和神经情况等受试物对雌、雄性动物生殖发育功能的影响。毒性作用主要表现在子代功能缺陷、出生后死亡的增加、生长与发育的改变、生殖异常等。

（7）神经毒性试验

神经毒性是指外源化学物、物理或生物因素引起生物体神经系统功能或结构损害的能力。目前，人类接触神经毒物的机会非常多，许多神经毒物已经损害了人类的健康，如环境中的铅接触、挥发性有机溶剂、大量使用的有机磷农药等，中毒事件时有发生，有些毒物的危害还呈上升趋势。OECD 于1995 年提出了神经毒性测试规范。我国以 OECD 的规范为基础，于 2008 年颁布《化学品啮齿类动物神经毒性试验方法》（GB/T 21787—2008）。

（8）内分泌毒性试验

内分泌系统是由内分泌腺和分散存在某些组织器官中的内分泌细胞组成

的一个信息传递系统。它与神经系统密切联系、相互配合，共同调节机体的各种功能活动，维持内环境相对稳定。内分泌干扰物是近年来国际社会广泛关注的重要环境污染物。WHO 将内分泌干扰物定义为"通过改变内分泌系统功能，引发生物体或其后代、生物种（亚）群不良健康效应的外源性物质或混合物"。发达国家 20 世纪 90 年代开始对内分泌干扰物进行研究，并发表了专题报告。美国、OECD、日本等均建立了内分泌干扰物筛选评价的基本框架。

（9）免疫毒性试验

免疫系统是对环境化学物质毒性作用极为敏感的系统，其功能变化常发生在其他毒性症状出现之前。因此，测定机体免疫系统功能的改变可提高化学物质毒性检测的灵敏度，并能早期发现中毒和及时采取防治措施。免疫毒性是指化学物暴露引起机体正常免疫应答出现抑制（免疫抑制）或增强（免疫刺激）的不良效应。化学物的免疫毒性效应有免疫抑制、免疫刺激、超敏反应和自身免疫反应四种类型。

食品中常见的具有免疫毒性的化学物质主要有食品添加剂（丁基羟基茴香醚 BHA、没食子酸丙酯 PG）、霉菌毒素（黄曲霉毒素、镰刀菌毒素）、食品污染中的有机物（多环芳烃类化合物、多氯联苯）、重金属（砷、铅、镉、汞）、农药等。我国对外源化合物免疫毒性的研究起步于 20 世纪 70 年代末，目前食品中仅《保健食品检验与评价技术规范》2003 年版中涉及保健食品增强免疫功能评价方法，食品毒理学安全性评价中尚未提及免疫毒性评价。由于免疫系统组成和功能具有复杂性，免疫毒物毒作用的靶细胞和靶分子具有多样性，因此国际上一般采用一组试验多项指标来进行综合评价。

在进行体内试验时，需要遵循三个基本原则。

（1）神经毒性试验通常需要多次染毒，染毒时间可以是 28 天，亚急性（90 天）或慢性（1 年或更长）。本试验的方法也可用于急性神经毒性试验。观察期间对神经毒物引起的行为变化进行评价，对行为和（或）神经系统异常进行检测或定性。试验结束时，对各组中两种性别的动物分别进行原位灌注固定，对大脑、脊髓和周围神经进行病理组织学检查。

（2）单独使用该试验进行神经毒性筛选或对神经毒性作用定性时，不进行原位灌注和组织病理学检查的动物可用于进行特定的神经行为、神经病理、神经化学或电生理检查，从而对标准检查项目的资料进行补充。当经验观察或预期结果显示化学物可能具有特定类型或特定靶标的神经毒性时，补充的资料更为有用。另外，剩余的动物可用于啮齿类动物重复剂量试验的评价。

（3）当本试验与其他试验联用时，动物数量要满足所有试验的要求。

2. 短期试验与体外试验研究

由于短期试验速度快且费用不高，因此用来探测化学危害物是否具有潜在致癌性，或引导支持从动物试验或流行病学调查的结果是非常有价值的。同时可以用体外试验资料补充作用机制的资料，如遗传毒性试验。这些试验必须遵循良好实验室规范或其他广泛接受的程序。体外试验的数据不能作为预测对人体风险的唯一资料来源。

3. 动物替代试验

传统的毒理学试验主要是动物试验，如用受试化学物对动物的致死剂量来预测对人体的急性中毒表现，用亚慢性毒性试验和慢性毒性试验来预测较长期和长期暴露条件下的安全剂量和浓度。然而，动物试验由于试验周期长、耗资大、动物福利要求高、效率低等缺点和局限性，无法达到快速、灵敏、特异地鉴定评价各类化学物毒理学安全性的要求。因此，随着人们对动物保护与动物福利的关注和重视以及"3R"原则的广泛实施，传统的毒理学危害识别方法由于其试验周期长、花费大，且由于种属差异等原因而使试验结果在预测人体毒性风险时存在较大的不确定性，已经难以满足对食品中有害因素的评价需求的挑战。毒理学方法正在从整体动物试验向快速高通量的、含定量参数分析和机制研究的动物试验替代方法转变。

在 1959 年 Russell 和 Burch 提出"减少（Reduction）、替代（Replacement）、优化（Refinement）"的"3R"原则[55]。"减少"是指在科学研究中，使用较少量的动物获取同样多的试验数据或使用一定数量的动物能获得更多试验数据的科学方法。"替代"是指使用没有知觉的试验材料代替活体动物，或使用低等动物代替高等动物进行试验，并获得相同试验效果的科学方法。"优化"是指通过改进和完善试验程序，避免、减少，或减轻给动物造成的疼痛和不安，或为动物提供适宜的生活条件，以保证动物健康，保证动物试验结果可靠性和提高实验动物福利的科学方法，在动物福利运动和现代科学技术的推动下，"3R"原则已逐渐成为生命科学研究领域遵循的重要原则，动物试验替代方法成了科学研究不可缺少的重要组成部分。

近 20 年来，欧盟、美国、日本等发达国家地区将研究方向转为进行动物试验替代方法研究、验证，以评估其代替传统动物实验进行安全性测试和评价的可能性，并将动物试验替代方法纳入实验动物法规和科学试验程序（指南）中。单细胞动物、微生物或动物细胞、组织和器官的研究，干细胞技术、组学技术、生物标记技术甚至电子计算机新技术的发展，模拟替代整体动物试验，采用科学、合理、有效和人道的方式使用动物，这些都极大拓展了动物试验替代的范围，推动了动物试验替代方法的发展。

动物试验替代方法是指相对于动物试验而言，采用新的技术方法代替传统的或旧的动物试验，任何一种能够减少动物使用和/或减轻动物痛苦、提高动物福利的方法都可视为动物试验替代方法。从替代方法而言，动物试验替代的基本方法可以分为以下三种。

（1）采用人道方法使用动物组织进行体外研究的相对替代和完全不使用动物组织的绝对替代：采用非动物系统，如培养细胞或者组织、体外细胞、转基因细胞培养物和来自转基因生物的细胞等体外试验技术等，常用于单克隆抗体生产、病毒疫苗制备毒理学试验和其他科学研究等。

（2）采用其他试验手段替代动物试验一部分或某一步骤的部分替代和使用新的非动物试验替代原有动物试验的完全替代：采用系统发生学上比较低等的动物种类代替高等动物，如使用无脊椎动物（例如马蹄蟹）代替脊椎动物（如兔子）低等动物替代高等动物，脊椎动物早期发育胚胎和只具有有限知觉的"较低等"生物的应用，如用于遗传学、致畸、致突变和生殖毒性研究的蝇，用于测定化合物的 Ames 致突变试验研究的鼠伤寒沙门菌等。

（3）应用数学、物理和化学技术方法和计算机模型等非生物手段：运用电脑软件和其相关的毒理学上的结构-活性资料的数据库建立计算机模拟系统，如定量结构-活性关系模型、计算机图像分析应用、生物医学过程模拟等，预测新的化学物质的毒性特征。又比如采用免疫化学中结合力很高的抗体搜寻抗原鉴定毒素，以替代小鼠的接种。采用化学分析法检测海洋生物毒素替代传统小鼠生物试验等。

从替代的层次和目的而言，动物试验替代方法可分为减少性替代（Reducing Alternative）、替代性研究（Replacing Alternative）和优化性替代（Refining Alternative）。

与体内试验相比，替代试验方法各有优缺点，替代方法能降低实验动物的使用费用，减少实验动物的用量和饲养所需的人力物力，减轻实验动物的痛苦，方法相对简单、快速，试验条件易于标准化，具有良好的重现性、有效性并能提供毒作用机制相关信息，提高检测效率。但由于体外模型是一个静止系统，缺少体内器官的形态和功能，缺少系统间的相互影响，替代方法也具有一定的局限性，需要建立合适的检测策略来评价化学物的毒性效应。

替代试验作为筛选方法已经在毒理学科中存在 20 多年。工业和管理部门最早应用体外试验方法进行安全性评价和危险性评估，如鉴定化学物质生物学作用的有或无、进行化学物质的分类、筛选化学物质的生物作用、探究整体反应存在的种间差异。随着分子生物学技术的发展，毒理学科从描述科学（观察整体暴露在化学的和物理的环境条件下所产生的有害效应）发展到作用机理的研究（解释产生这些有害生物效应的原因），促使新的生物体系和生物工程技术的利用和发展。特别在最近 10~15 年，对体外试验方法的研究形成高潮，如在毒理学试验中采用细胞和组织培养，完全脱离了整体稳态和内分泌调控，在投药的准确性和结果定量上显示了方法的优越性。在筛选研究中，应用细胞和组织培养可以检测到与整体试验毒性相关的特异性毒作用，还可对一类化学物质的比较毒性进行快速筛选。Ames 致突变试验的广泛应用以及一些非动物试验方法，如体外哺乳动物细胞染色体畸变试验和基因突变试验的发展，对化学物质所致毒性反应的生物学过程和毒作用机理的阐明更加深入和准确。虽然目前动物试验替代方法的数据在食品安全评估中的应用不多，但随着细胞组学的发展以及相关组学技术在毒理学的体外培养生物系统中的应用，特别是人类组织库的建立、器官型三维培养模型（比如将预见和体外试验方法作为传统毒理学动物试验的补充，甚至替代部分动物试验），不仅能满足毒理学安全性评价和保护人类健康的需要，也为食品安全性评估技术丰富与完善提供了前所未有的机遇。

（三）构-效关系

构-效关系的研究对于提高人类健康危害识别的可靠性也是有一定作用的。很多化合物结构相似，起毒性作用的结构一致（如多环芳香烃、多氯联苯和二噁英），在同一级别的一种或多种物质有足够的毒理学数据，可以采用毒物当量预测人类暴露在同一级别其他化合物下的健康状况[56]。

许多试验资料显示，致癌能力确实与化学物质的结构种类有关，将化学危害物的物理化学特性与已知的致癌性（或致病性）做比较，就可以知道此危害物质潜在致癌力（致病力）[57]。这些研究主要是为了更进一步证实潜在的致癌（致病）因子，以及建立对致癌能力测验的优先顺序。

结构-活性关系分析（Structure Activity Relationship Analysis，SAR），简称"构-效关系分析"，是指将已知化学物的结构参数与其生物活性进行综合分析并建立理论模型的过程，旨在根据某新型化学物的结构特征来预测其理化性质、生物学活性（例如毒理学性质）以及化学物分子在机体内的转归等，从而用于指导设计、构造低毒高效的化学物分子，也可以用于化学物的生物安全性评价或帮助确定毒理学安全性评价实验的优先程度。当 SAR 分析过程中使用关于生物活性的定量资料，并以定量资料描述分析结果（例如 $LD_{50}$、$ED_{50}$ 等）时，则称为定量构效关系分析（Quantitative Structure Activity Relationship Analysis，QSAR），其确切定义为：利用数学或统计学方法定量研究化学物的分子结构与其生物活性之间的关系。当 SAR 分析结果表示为化学物毒性或者是致癌性、遗传毒性等效应的发生率（阳性率）时，则称为定性的构-效分析。

SAR 分析是以化学物的生物活性与其结构或功能基团的相关性为基础，因此对于某化学物，如果与其结构类似的化学同系物的资料已知，或者靶结构资料比较明确时，对该化学物活性的预测则更加准确有效。QSAR 分析的必要条件是要有一定数量的已知其特定活性的化学物作为样本，多数情况下为同源化学物（化学结构类型相同）。由于同源性化学物的毒性分析结果表示为化学物毒性等级作用分子机制基本相同，对活性的预测结果应用价值较大。少数 QSAR 分析是针对非同源性化学物，适用于粗略的筛选，能大致显示不同化学结构类型的化学物的活性。无论使用何种类型的化学物，都应有足够大的样本量，当样本为非同源性化学物时，每一结构类型的化学物数量也应充足。另外，QSAR 分析需要对预测结果进行正确性检验，包括回代检验和预测检验。回代检验是对每一种曾作为样本纳入分析的化学物进行活性推算，然后与其已知活性相比较以检验模型正确性。预测检验则是利用生物学方法对未纳入分析样本的化学物进行活性检验，最后与实际测量的活性相比较来验证模型效能。

QSAR 分析借助分子的理化性质参数或结构参数，以数学手段定量研究有机小分子与生物大分子的相互作用。该方法最初广泛应用于药物研发领域，主要用来预测药物与受体的结合能力、可能的治疗作用及其动力学模型。定量构效关系的构成包含三个要素：小分子理化性质的参数化、化学物生物活性的定量标识、联系理化性质与生理活性的数学模型。最初的定量构效关系是美国波蒙拿学院化学系的 Hansch 提出的，他将分子整体的理化性质参数如脂水分配系数、电性效应参数、立体效应参数等作为化学物活性函数的自变量，通过在两者之间建立回归方程找到活性最强的分子所应该具有的理化性质，在原有分子骨架的基础上，根据这些参数的指引设计新化学物，有目的地寻找新药，这种方法被称为二维定量构效关系（2D-QSAR）。在这种方法的基础上，人们成功地推进了喹诺酮类抗生素的发展，而这类药物是目前为止应用 Hansch 方法进行合理药物设计最成功的案例。但是，2D-QSAR只是建立在化学物二维结构的基础上，还缺乏对分子构型、构象的立体描述。针对这一缺陷，Hopfinger 于 1980 年首先提出分子形状分析方法（Molecular Shape Analysis，MSA），Cipper 在 1987 年建立了距离几何学方法（Distance Geometry，DG），1988 年，Cramer 等提出了基于分子空间结构的比较分子场方法，即 CoMFA 方法。CoMAF 通过比较同系列分子附近空间各点的疏水性、静电势等理化参数，将这些参数与小分子生理活性建立联系，从而指导新化学物的设计。相比于 Hansch 方法，CoMFA 考虑到了分子内部的空间结构，因而被称为三维定量构效关系（3D-QSAR）。3D-QSAR方法间接地反映了药物分子与大分子相互作用过程中两者之间的相互作用特征，相对于 2D-QSAR 有更加明确的物理意义和更丰富的信息量，对于药物分子生物学活性的预测能力大大提高。因此，20 世纪 80 年代以来，3D-QSAR 逐渐取代了 2D-QSAR 成为基于机理的药物设计的主要方法之一。目前 CoMFA 和由 CoMFA 改进而成的 CoMSIA 方法，即比较分子相似性方法已经成为应用最广泛的药物设计方法。除了上述方法，还有量子化学法、分子链接性方法、整体结构模式化法等定量构效关系研究方法也得到了不同程度的发展和应用。QSAR 在食品安全领域的应用主要体现在对农药的风险评估上。欧盟的《植物保护产品法案》要求农药配方中活性物质的毒理学效应和环境影响必须得到充分表征。除了这些活性物质之外，消费者还同时暴露于其代谢和降解过程中产生的各种次生产物。然而，大多数情况下，关于这些代谢产物和降解产物的毒理学资料非常有限，而进一步的毒理学试验意味着使用大量的实验动物。因此，对于农药及其代谢分解产物的毒理学评价亟须替代试验方法的支持。为研究替代方法在农药及涉及食品安全的其他化学物安全性评价中的应用，欧洲食品安全局（EFSA）采取了一系列措施，其中的 PESTISAR 项目就以研究"计算机评价方法"的潜在应用为目的。在诸多计算方法中，该项目重点强调了 QSAR 方法的应用，详细描述了如何评价 QSAR 分析模型及预测结果并将其用于风险管理。这一项目研究结果将与 EFSA 的另外两个资助项目（毒理学关注阈值、代谢和降解的影响）共同用于进一步制定农药残留风险评估的导则。

虽然 QSAR 在药物设计领域的应用具有久远的历史，但在毒理学研究，特别是食品安全风险评估中的应用尚不成熟。随着化学物分子结构和生物活性数据资料的不断积累，QSAR 分析的预测效能也在提高，作为一种辅助性评价工具，其在食品安全领域中的应用价值也日益增加。在预测化学物急性毒性方面，基于对 2000 多种化学物的经口 $LD_{50}$ 的对比分析，QSAR 方法对其中 95% 的化学物的毒性预测值在其实际毒性水平的 8 倍以内。另一项对 234 种不同化学物的分析研究表明，QSAR 对慢性毒性试验的 LOAEL 分析也具有类似的预测结果。目前，以计算机软件为辅助工具的 QSAR 分析已经成为重要的毒性预测方法，但尚未用于模拟剂量-反应关系。另外，QSAR 还可以为其他分析模型，如 PBTK 模型提供参数估计，它们的联合使用能够提供更有价值的信息，因此有可能成为一种整体动物试验的潜在替代方法。

在食品安全风险评估中，QSAR 可以应用于危害识别，例如评估化学物是否具有潜在的遗传毒性。欧洲食品安全局（European Food Safety Authority，EFSA）2010 年发布的一项"QSAR 在农药代谢和降解产物的食品安全风险评估中的应用"的报告，特别强调了 QSAR 在食品安全风险评估中的潜在应用价值，特别是 QSAR 模型在预测急慢性毒性、遗传毒性和致癌性、生殖发育毒性、免疫毒性等各种毒理学终点及 ADME 特征方面的应用。该项目还通过案例调查研究了 QSAR 分析对于预测遗传毒性和致癌性的效用。研究中运用计算机辅助的 QSAR 模型对结构不同的 700 个化学物进行遗传毒性和致癌性预测，结果显示单一模型识别这些毒性终点的敏感性为 66%~71%，假阳性为 29%~33%，预测效能并不充足；但是，当几个模型综合运用时，对 Ames 试验致突变性的识别率达到 80%~93%，假阳性率为 7%~20%。不同模型的联合使用能够显著提高预测的灵敏度（达到 90%）并显著降低假阳性率，这一工具可以被用于识别潜在的遗传毒性化学物。这些化学物一旦被识别，则可以从毒理学关注阈值（Thresh old of Toxicological Concern，TTC）评价体系中剔除，从而按照个案分析的原则通过试验性研究资料予以评估。QSAR 模型的优化、组合能够进一步提高对毒性终点阳性或阴性的预测准确性，从而发展成为动物试验的潜在替代方法。

在美国环保局对农药的管理中，针对新型化学物、高产量化学物以及惰性农药，当动物毒性资料非常有限时，可以使用 QSAR 分析并结合暴露数据来制定筛选或优选决策，或是否需要进一步的试验评价。另外，EPA 通过开发 QSAR 专家分析软件、提高 QSAR 模型的预测能力、将 QSAR 数据运用到证据权重分析中等措施把 QSAR 为长远发展的化学物毒性评价工具之一。环境保护法案建议使用 QSAR 预测结果帮助确定抗菌剂类农药的生物安全性数据要求，并进一步发展 QSAR 导则以加强其在人体健康风险评估和生态毒理学评价中的应用。美国 FDA 食品添加剂安全办公室（Office of Food Additive Safety，OFAS）通常也在上市前的审核阶段利用 QSAR 分析方法获得额外的决策信息，涉及致癌性、遗传毒性、生殖发育毒性等。另外，OFAS 针对新型的食品接触材料还研究采用代谢数据和代谢预测模型进行 QSAR 分析。

虽然某些国家在食品安全领域中已经开始使用 QSAR 分析方法，但目前仍有许多因素限制了其预测效用的发挥以及使用的推广。首先，基础数据可能缺乏。QSAR 模型以化学、生物学或毒理学数据为基础，当相关数据资料数量有限或质量较低时，则难以建立理想的分析预测模型。例如，食品相关化学物种类复杂，世界不同国家或地区之间又有巨大差异，目前尚未形成统一的、能被公共获取使用的毒理学数据库，从而造成相应分析模型的缺乏。其次，分析方法缺乏统一导则。QSAR 对于不同的毒理学终点或生物活性，采用不同的分析方法均会产生不同的结构活性关系模型，因此在未形成统一标准前，同一生物学效应 QSAR 模型可能会繁多冗杂，从而限制了不同机构或不同研究项目间 QSAR 预测结果的可比性。最后，专业人才缺乏。QSAR 的使用涉及物理、化学、生物、数学、计算机科学等多个学科的交叉运用，分析技术和专业人员缺乏也极大阻碍了这一方法的推广使用。虽然尚有许多限制因素，QSAR 仍显示出在食品安全领域中的广阔应用前景。目前，在食品相关材料的研发、预测健康风险、辅助制定安全性评价策略和管理决策等方面，QSAR 已经发挥了重要作用。将来，随着基础数据的不断充实、分析方法的日渐成熟统一以及分析技术和人员素质的提高，QSAQ 将成为食品安全风险评估的一种精准、高效、经济的重要工具。

## 二、危害特征描述常用方法

危害特征描述就是对食品中存在可能产生有害作用的生物、化学或物理等因素性质进行定性或定量评估[58]。危害特征描述通常解决以下 3 个问题：① 建立主要效应的剂量-反应关系评估外剂量和内剂量；② 确定最敏感种属和品系确定种属差异（定性和定量）作用方式的特征描述，或是描述主要特征机制；③ 从高剂量外推到低剂量以及从实验动物外推到人。其主要目的之一就是确定是否存在"起因-作用"关系，若有充足的证据证明该关系存在，就有必要建立剂量-反应关系。

剂量-反应关系是指外源物作用于生物体时的剂量与所引起的生物学效应强度或发生率之间的关系，它反映毒理学研究中两个最重要的方面，即毒性效应和暴露特征以及它们之间的关系。因此，剂量-反应关系是评价外源物的毒性和确定安全暴露水平的基本依据，评估该关系则是危害特征描述的核心内容。危害特征描述的剂量-反应关系评估是描述暴露于特定危害物时造成可能危害性的前提，同时也是安全性评价时建立指南或标准的起点。

### （一）剂量-反应关系定义

剂量-反应关系又常被称为量-效关系，即描述外源性化学物作用于生物体的剂量与其引发的生物学效应之间的关系，它是暴露于受试物与机体损伤之间存在因果关系的证据，也是评价化学物的性质、确定安全暴露水平的基本依据。量-效关系是建立食品中化学物质安全性的基础。

剂量反应关系中提到的"剂量"通常是指外剂量，即人或动物以多种暴露途径按照单位体重从外界摄入化学物的量。相应地，内剂量则是以外剂量摄入的化学物经生物机体吸收后进入体循环的量，也称为吸收剂量。它取决于机体对化学物吸收程度，即生物利用度的大小。但是，因为内剂量受到机体吸收代谢、分布、排泄等多种因素的影响，而在实际毒理学研究中通常难以测定，所以在描述剂量-反应关系时则以外剂量作为可人为控制的自变量。

反应也称作效应，是指暴露于一定剂量的某种化学物后所引发生物群体或个体在整体水平或器官、组织、细胞、分子等水平上生物学指标的改变。

反应包括机体适应性反应和损害效应：在暴露于较低剂量水平的化学物时，机体为维持稳态会对外界刺激产生应激反应，即适应性反应，这些反应不会引起机体结构或功能的损伤，属于非损害作用；相反，损害效应是化学物在高剂量或持续暴露条件下导致机体应激代偿能力降低，结构和功能发生不可逆的破坏。在毒理学研究中，通常将损害作用定义为"受试组的测定结果超出正常范围即对照组测定值的95%可信区间"。

（二）剂量反应关系分类

现代毒理学又将剂量-反应关系分为两类：定量个体剂量-反应关系及定性群体剂量-反应关系两种。具体如下。

1. 定量个体剂量-反应关系

定量个体剂量-反应关系是描述不同剂量的外源物引起生物个体的某种生物效应强度，以及两者之间的依存关系。在这类剂量-反应关系中，机体对外源物的不同剂量都有反应，但反应的强度不同，通常随着剂量的增加，毒性效应的程度也随之加重。大多数情况下，这种与剂量有关的量效应，是由于外源物引起的机体某种生化过程的改变所致。

例如，在相当宽的剂量范围内，有机磷农药可以抑制乙酰胆碱酯酶和羧酸酯酶，其抑制程度随剂量的递增而加重。虽然因各器官系统对乙酰胆碱酯酶抑制的敏感性有差距，临床表现有所不同，但机体毒性反应程度都直接与乙酰胆碱酯酶的抑制有关。

2. 定性群体剂量-反应关系

定性群体剂量-反应关系反映不同剂量外源物引起的某种生物效应在一个群体（实验动物或调研人群）中的分布情况，即该效应的发生率或反应率，实质上是外源物的剂量与生物体的效应间的关系。

在研究这类剂量-反应关系时，要首先确定观察终点，通常是以动物实验的死亡率、人群肿瘤发生率等"有"或"无"生物效应作为观察终点，然后根据诱发群体中每一个出现观察终点的剂量，确定剂量-反应关系。在确定外源物对生物体有害作用的剂量-反应关系，必须具备以下三个前提条件：① 确定观察到的毒性反应确系暴露外源物所引起，即两者之间存在着比较肯定的因果联系；② 确定毒性反应的程度与暴露剂量有关。要弄清效应与剂量之间的关系，就需要同时满足：生物体内存在着作用部位（分子或受体）、所产生的效应与作用部位的浓度有关、作用部位的浓度与暴露剂量有关三个条件；③ 具有定量测定外源物剂量和准确表示毒性大小的方法和手段。在剂量-反应关系中、可以用不同的毒性终点来确定。选用的毒性终点不同、所得到的剂量反应关系就可能有显著的差别。

### （三）剂量-反应评估

根据剂量-反应模型的评估结果，可以制定人类的健康指导值，是风险评估的一个十分重要的环节。

在进行评估时，有一个重要的概念——阈值剂量（Threshold Dose，TD）。阈值剂量是指诱发机体某种生物效应呈现的最低剂量，即引起超过机体自稳适应极限的最低剂量，即稍低于阈值时效应不发生，而达到或稍高于阈值时效应将发生，又称为最低可观察到有害作用剂量（Lowest Observed Adverse Effect Level，LOAEL）。一种化学物对每种效应都可有一个阈值，因此一种化学物可有多个阈值；而对于某种效应，同一化学物对不同的个体则有不同的阈值；同一个体对某种效应的阈值也可随时间而改变。

通常而言，一般将低分子量的大多数非致癌类化学物以及非遗传毒性物为终点的毒性作用视为有阈值剂量，而大部分化学致癌物，其是否存在阈值剂量尚无定论。在评估时，根据研究物质是否存在阈值，可将其评估方法分为有阈值法和无阈值法。

1. 有阈值法

有阈值法主要有 "未观察到有害作用剂量"、健康指导值、NOAEL 法等。

（1）未观察到有害作用剂量

"未观察到有害作用剂量" 是指用敏感方法未能检出外源物毒性效应的最大剂量，即阈值剂量下不出现毒性效应的最高剂量，通常是根据实验观察并经统计学处理而获得，简称 "无作用剂量"，也曾称为 "无观察作用剂量"。JECFA 使用 NOEL，JMPR 常用 NOAEL。

实验研究中所得到的无作用剂量，可能是由于剂量过低不产生毒性作用，也可能是因为动物数目少或观察时间太短而没有观察到有害作用。所以无作用剂量、与所选择的动物种系和数目、观察指标的敏感性、暴露和观察时间的长短等多种因素有关[59]。未观察到有害作用剂量并不意味 "零风险"，根据最近的报道，从"量"效应终点求得的未观察到有害作用剂量仍有5%的风险；由"质"效应终点（计数反应资料）获得的未观察到有害作用剂量，其风险超过10%。

（2）健康指导值

人为添加到食品中的物质（如食品添加剂、农药和兽药残留等）的暴露是可控的，而大部分污染物的暴露又是不可避免的，通常情况下这些物质是有阈值的（即没有遗传毒性或致癌性），对这类物质最常用的剂量-反应评估方法就是设定相应的健康指导值（Health-based Guidance Values，HBGV）来对其危害特征进行描述[60]。健康指导值是针对食品以及饮用水中的物质所提出的经口（急性或慢性）暴露范围的定量描述值，该值不会引起可察觉的健康风险，建立健康指导值可为风险管理者提供风险评估的量化信息、利于保护人类健康的决策的制定，危害特征描述通常会建立安全摄入水平。即每日容许摄入量（Acceptable Daily Intake，ADI）或污染物的每日耐受摄入量（Tolerable Daily Intake，TDI）。对于某些用作食品添加剂的物质，可能不需要明确规定ADI，即认为没必要制定ADI的具体数值，此外，健康指导值还有每日耐受摄入量。

每日允许摄入量是指一生中每日经食物或饮用水摄入的某一化学物质不会对消费者健康造成可觉察风险、基于体重表示的估计值。ADI值是根据评估时所有已知信息推导而出的，以mg/kg体重表示（标准成人体重为60kg），通常用零到上限值（0~上限值）这样一个数值范围来描述，它适用于食品添加剂、食品中农药残留和兽药残留。ADI最初由欧盟提出随后被JMPR采用，目前世界各国的相关评估机构均采用ADI对食品和饮用水中的化学物质进行安全性评价。

每日耐受摄入量TDI则是针对食品中的化学污染物（如重金属元素等）。这类污染物主要来源于原料的天然本底或食品的生产加工过程，通常难以避免从而导致在食品和饮用水中天然存在。从管理和健康的角度考虑，污染物是不可接受的，但是人体对一定的量是可耐受的。

（3）NOAEL法

NOAEL法是通过剂量-反应模型，指在规定剂量下，受试组和对照组出现的不良反应在生物学或统计学上没有显著性差异时得到最高剂量或浓度的方法。NOAEL法主要困难是它是基于不良反应的证明，且其结果还主要依赖于测试方法的精度。通过试验获得的 NOAEL 值除以合适的安全系数等于安全水平或每日允许摄入量。

$$ADI = NOAEL/安全系数$$

其中安全系数一般为 10~2 000，这取决于实验数据的可信度，对食品添加剂一般使用 100。一个系数 10 是调整人和动物间的差异，另一个系数 10 是人群中的毒理反应的差异。对于农药残留风险评估来讲，目前使用的最多的是联合系数，即把推荐的 FQPA（美国食品质量保护法）安全系数和传统系数（种间 10×、种内 10×）以及对不同毒理学考虑的附加不确定性系数一同考虑，最后得出一个联合系数。如果是人体试验，安全系数用 10 比较恰当。如果是动物试验，但不是终生试验，则要用较高的安全系数（1 000~2 000）。对于大多数长期使用的食品添加剂或其他化学危害物来说，其毒理数据很少是根据风险评估得出的，它们长期使用，但毒性低。对于有些化学物质，标准的毒性试验不完全适用于危害描述。一般来说，可接受的摄入量是通过毒理数据，长期使用的信息结构/活性关系，代谢数据和毒性动力学数据综合分析而得到的。

为了比较并得出人类的允许摄入水平，动物试验通常在较高剂量下进行，其数据经过处理外推到比它低得多的剂量。从危害物和某种危害间的量-效关系曲线，求得 NOAEL、最低可见作用剂量水平（Lowest Observed Effect Level，LOEL），以及致死中量（$LD_{50}$）或致死中浓度（$LC_{50}$）等数据。这些外推步骤无论在定性还是定量上都存在不确定性。首先，危害的特性随着剂量改变而改变或完全消失；其次，人体与动物在同一剂量时，药物代谢动力学作用有所不同，而且剂量不同，代谢方式也不同，化学物质的代谢在低剂量和高剂量上可能存在不同。高剂量可以破坏正常的代谢过程，而产生不良作用，低剂量则不会。高剂量可以诱导更多的酶、生理变化以及与剂量相关的病理学变化；高剂量的动物试验不能准确地反映出人体在长期摄入该危害物下的病理变化。因此在外推到低剂量时，毒理学家必须考虑这些潜在危害以及其他与剂量相关的变化。

2. 无阈值法

对于没有阈值剂量的化学物，如遗传毒性致癌物，可以采用低剂量外推或应用一些数学模型来研究。定量评估无阈值效应的危险性，通常使用动物实验中发病率的剂量-反应资料来估计与人类相关暴露水平的危险性，由于曲线估计的不准确性。在动物实验观察范围内的剂量-反应曲线通常不能外推出低危险性的估计值。因此，最好选择适当的模型。

目前的模型都是利用实验性肿瘤发生率与剂量，几乎没有其他生物学资料。没有一个模型可以超出实验范围的验证，因而也没有对高剂量毒性、促细胞增殖或 DNA 修复等作用进行校正。因此，目前的线性模型只是对风险的保守估计，在运用这类线性模型进行风险描述时，一般以"合理的上限"或"最坏估计量"等表达，这被许多法规机构认可。

## 三、暴露评估常用方法

暴露评估指对于食品中的危害物质的可能摄入量以及通过其他途径接触的危害物质剂量的定性和/或定量评价，是风险评估的重要步骤。暴露评估指人类和其他物种暴露了危害的实际程度和持续时间，一项暴露评估包括暴露在危害物质下的人群规模、自然特点以及暴露的程度、频率和持续时间等内容[61]。膳食暴露评估是将食物消费量数据与食品中有害物的浓度数据进行整合，然后将获得的暴露估计值与所关注有害物的相关健康指导值进行比较，作为后续的风险特征描述的一部分。

国际化学品安全规划署将暴露评估定义为对一种生物、系统或（亚）人群暴露于某种因素（及其衍生物）所进行的评价。国际食品法典委员会（Codex Alimentarius Commission，CAC）对暴露评估的定义主要在食品研究范围内，暴露评估为对一种化学物或生物经食物的可能摄入量以及经其他相关途径的暴露量的定量和（或）定性评价。这里的食品范围较广，如各类食物、饮料、饮用水和膳食补充剂等。

对于食品中的有害化学物，暴露评估时要考虑该化学物在膳食中是否存在、浓度、含有该化学物的食物的消费模式、大量食用问题食物的消费者和食物中含有高浓度该化学物的可能性。通常情况下，暴露评估将得出一系列摄入量或暴露量估计值，也可以根据人群（如分为婴儿、儿童、成人或分为易感、非易感）分组分别进行估计。这里的化学物包括了食品添加剂、污染物、加工助剂、营养素、兽药和农药残留等。

对于食品中的有害生物，一般专指人类摄入食物后可导致食物中毒或食源性疾病的致病微生物。引起食物中毒的微生物通常可分为两大类：① 感染型。如沙门氏菌的各种血清型、空肠弯曲菌、致病性大肠埃希氏；② 菌毒素型。如蜡样芽孢杆菌、金黄色葡萄球菌、肉毒梭菌[62]。这种划分方法可以有效区别食物中毒的途径，感染型可以在人类肠道中增殖[63]，而毒素型可以在食物或者人肠道中产生毒素。另一种分类方法是根据致病力的强弱，按国际食品微生物标准委员会（ICMSF）的建议分为四类[64]：病症温和、没有生命危险、没有后遗症、病程短、能自我恢复（如蜡样芽孢杆菌、A 型产气荚膜梭菌、诺如病毒、EPEC 型和 ETEC 型大肠埃希氏菌、金黄色葡萄球菌、非 01 型和非 0159 型霍乱弧菌、副溶血性弧菌）；危害严重、致残但不危及生命、少有后遗症、病程中等（空肠弯曲菌、大肠埃希氏菌、肠炎沙门氏菌、鼠伤寒沙门氏菌、志贺氏菌、甲肝病毒、单增李斯特氏菌、微小隐孢子虫、致病性小肠结肠炎耶尔森氏菌、卡宴环孢子球虫）；对大众有严重危害、有生命危险、慢性后遗症、病程长 [布鲁氏菌病、肉毒毒素、EHEC（HUS）、伤寒沙门氏菌、副伤寒沙门氏菌、结核杆菌、痢疾志贺氏菌、黄曲霉毒素、01 型及 0139' 型霍乱弧菌]；对特殊人群有严重危害、有生命危险、慢性后遗症、病程长 （019 型空肠弯曲菌、C 型产气荚膜梭菌、创伤弧菌及阪崎肠杆菌）。

开展暴露评估主要考虑的因素包括污染的频率和程度、有害物质的作用机制、有害物质在特定食品中的分布情况。另外，上述讲的有害化学物在食品加工或贮藏等过程中只发生很小的变化，可以不考虑其动态变化，但对于食品中的有害微生物，由于它们是活体、在某段时间变化里会产生十分明显的升高或降低，除了上面考虑的因素外，还需考虑食品中微生物的生态微生物生长需求；食品微生物的初始污染量动物性食品病原菌感染的流行状况生产、加工、蒸煮、处理、贮藏、配送和最终消费者的使用等对微生物的影响加工过程的变化和加工控制水平卫生水平、屠宰操作、动物之间的传播污染和再污染的潜在性（交叉污染）、食品包装、配送及贮藏方法和条件（如贮藏温度、环境相对湿度、空气的气体组成）等[65]。

另外，WHO/FAO 在风险评估报告提到了开展暴露评估总体考虑的因素在选择适当的食物消费数据和食品中有害物浓度数据前，必须明确膳食暴露评估的目的，确保暴露评估结果的等同性，暴露评估程序可能针对不同对象有差异，但这些程序应该对消费者产生相同的保护水平；不论毒理学结果的严重程度、食品化学物的类型、可能关注的特定人群或进行暴露评估的原因如何，都应选择最适宜的数据和方法，尽可能保证评估方法的一致性。国际层面的暴露评估结果应该等于或大于（就营养素缺乏而言，应该低于）国家层面进行的最好的膳食暴露评估结果，暴露评估应该覆盖普通人群以及易感或预期暴露水平明显不同于普通人群的关键人群（例如婴幼儿、儿童、孕妇或老年人）。各国基于本国的膳食消费数据和浓度数据，并使用国际上的营养素和毒理学参考值，由此便于国际组织的汇总和比较。

暴露评估可分为急性或慢性暴露评估。急性暴露是指 24 h 以内的暴露，而慢性暴露是指每天暴露并持续终生。急性和慢性暴露评估的计算一般通过单位体重下食品中有害物（化学性的或生物性的）的浓度和消费者摄入食物的量，写成通用公式，即膳食暴露 $= \sum$（食品中化学物或微生物浓度 × 食品消费量）/ 体重(kg)。国际上通用的暴露评估一般方法如下。

（1）可以采用逐步测试、筛选的方法在尽可能短的时间内利用最少的资源，从大量可能存在的有害物中排除没有安全隐患的物质。这部分物质无须进行精确的暴露评估。但是使用筛选法时，需要在食品消费量和有害物浓度方面使用保守假设，从而高估高消费人群的暴露水平、避免错误的暴露评估与筛选结果做出错误的安全结论。

（2）为了有效筛选有害物并建立风险评估优先机制，筛选过程中不应使用非持续的单点。膳食模式来评估消费量，同时还应考虑到消费量的生理极限。要不断完善评估方法和步骤。确保能够正确评估某种特定有害物的潜在高膳食暴露水平。

（3）暴露评估方法必须考虑特殊人群，如大量消费某些特定食品的人群，因为一些消费者可能是某些所关注化学物浓度含量极高的食品或品牌的忠实消费者，有些消费者也可能会偶尔食用有害物浓度高的食品。

## 四、危害特征描述常用方法

### 1. 基于健康指导值的风险特征描述

对于有阈值效应的化学物质，FAO/WHO 食品添加剂联合专家委员会（Joint FAO/WHO Expert Committee on Food Additives，JECFA）、FAO/WHO

农药残留联席会议（Joint Meeting Pesticide Residues, JMPR）、欧洲食品安全局（European Food Safety Authority, EFSA）等国际组织或机构通常是以危害特征描述步骤推导获得的健康指导值为参照，进行风险特征描述，也就是通过将某种化学物的膳食暴露估计值与相应的健康指导值进行比较，来判定暴露健康风险。如果待评估的化学物在目标人群中的膳食暴露值低于健康指导值，则一般可认为其膳食暴露不会产生可预见的健康风险、不需要提供进一步的风险特征描述的信息。以反式脂肪酸为例，根据国家食品安全风险评估中心（China National Center for Food Safety Risk Assessment, CFSA）的风险评估结果，我国居民的膳食反式脂肪酸平均供能比为 0.16%，大城市为 0.34%，均远低于 WHO 所设定的健康指导值（1%），因此可认为目前我国居民反式脂肪酸摄入风险总体较低。然而当膳食暴露量超过健康指导值时，就要谨慎地对健康风险进行判定及描述其相关特性，因为该数值本身并不能作为向风险管理者和消费者提供暴露健康风险信息的唯一依据，还需要综合考虑其他相关因素。因为健康指导值本身在推导过程中已经考虑了一定的不确定系数或安全系数，所以对于以慢性毒性为主要表现的化学物，其膳食暴露量偶尔或轻度超出健康指导值，并不意味着一定会对人体产生健康损害作用。对于急性毒性，若估计的膳食急性暴露量超过了急性参考剂量（RfD），可能发生的健康风险应根据具体情况进行分析，例如考虑是否需要进一步进行精确暴露评估。

当待评估化学物的膳食暴露水平超过健康指导值时，若需作进一步的具体描述，向风险管理者提供针对性的建议，则需要详细分析待评估化学物的毒理学资料，如观察到有害作用的最低剂量水平、健康损害效应的性质和程度、是否具有急性毒性或生殖发育毒性、剂量-反应关系曲线的形状、膳食暴露的详细信息，如应用概率模型获得目标人群的膳食暴露分布情况、暴露频率、暴露持续时间等所采用的健康指导值的适用性，例如是否同样对婴幼儿、孕妇等特殊人群具有保护性？以鱼类中的甲基汞为例，其健康指导值，即暂定的每周可耐受摄入量（Provisional Tolerated Weekly Intake, PTWI）的推导是建立在最敏感物种（人类）的最敏感毒理学终点（神经发育毒性）的基础，而生命其他阶段对甲基汞毒性的敏感性可能较低。因此当膳食甲基汞暴露值超过 PTWI 值时，JECFA 认为风险特征应针对不同人群进行具体分析，对于除了孕妇之外的成年人，只要膳食暴露量不超过 PTWI 值的

2倍，即可认为无可预见的神经毒性风险；而对于婴儿和儿童，JECFA认为其敏感性可能介于胎儿和成人之间，但因缺乏详细的毒理学资料，暂时无法进一步给出明确的不会产生健康风险的暴露值，另外，JECFA还指出，考虑到鱼类的营养价值，建议风险管理者分别对不同的人群亚组进行风险和收益的权衡分析，以提出具体的鱼类消费建议。

2. 遗传毒性致癌物的风险特征描述

对于既有遗传毒性又具有致癌性的化学物质，一方面，传统的观点通常认为它们没有阈剂量，任何暴露水平都可能存在不同程度的健康风险；另一方面，通过试验获得的未观察到致癌效应的剂量水平可能仅代表生物学上的检出限，而不一定是实际的阈值水平。因此，对于遗传毒性致癌物，JECFA、JMPR、EFSA等国际机构不对其设定健康指导值。JECFA建议对食品中该类物质的风险特征描述采用以下方法。

（1）ALARA（As Low As Reasonably Achievable）原则。即在合理可行的条件下，将膳食暴露水平降至尽可能低的水平。这是通用性的原则，是在缺乏足够的数据和科学的风险描述方法的前提下，为最大限度保护消费者健康所提供的建议。但是该原则并未考虑待评估化学物的致癌潜力和特征、膳食暴露水平等因素，因此，其现实指导意义不大，无法向风险管理者和消费者提供有针对性的建议措施。

（2）低剂量外推法。对于某些致癌物，可假设在低剂量反应范围内，致癌剂量和人群癌症发生率之间呈线性剂量-反应关系，获得致癌力的剂量-反应关系模型，用以估计因膳食暴露所增加的肿瘤发生风险。例如，食品中黄曲霉毒素的风险评估中，JECFA根据所推导的黄曲霉毒素致癌强度的剂量-反应关系函数，对不同暴露水平致肝癌的额外发病风险进行了预测。需要注意的是，在进行剂量外推的过程中，必须根据经验选择适宜的数学模型，随着选用模型的不同，风险估计值的结果可能相差较大，并且数学模型无法反映生物学上的复杂性。该方法较为保守，通常会过高估计实际风险。

（3）暴露限值（Margin of Exposure，MOE）法。MOE是动物实验或人群研究所获得的剂量-反应曲线上分离点或参考点〔即临界效应剂量，如NOAEL，或基准剂量低限值（Bench Mark Dose Level，BMDL）〕与估计的人群实际暴露量的比值，计算公式为 $MOE = BMDL$ 暴露水平。风险可接受水平取决于MOE值的大小，MOE值越小则化学物膳食暴露的健康损害风险越大。2005 年，JECFA 第 64 次会议上首次提出，针对遗传毒性致癌物、建议采用 MOE 法进行风险特征描述。目前，MOE 法是在对食品中遗传毒性致癌物进行风险特征描述过程中最常应用的方法。与其他方法相比，MOE 法在风险特征描述中具有以下优点：① 实用性和可操作性强，MOE 法的结果直观地反映了实际暴露水平与造成健康损害剂量的距离，易于判断和理解；② 可用于确定优先关注和优先管理的化学物，若采用一致的方法，可通过比较不同物质的 MOE 值以帮助风险管理者按优先顺序对各类化学物质采取相应的风险管理措施。

然而，目前尚没有一个国际通用标准用来判定 MOE 值达到何种水平可表明危害物质的膳食暴露不对人体产生显著健康风险，这与不同机构评估过程中计算 MOE 值时所选用的数据类型、数据质量及化学物的毒理学资料等因素有关。对于遗传毒性致癌物，加拿大卫生部以 MOE 值<5 000、5 000~500 000 以及 MOE 值>500 000 分别对应高、中、低优先级别的风险管理顺序。欧洲食品安全局（EFSA）则认为，当 MOE 值达到 10 000 以上时，待评估化学物的致癌风险已经很低。

除了遗传毒性致癌物，MOE 法还可应用于对某些因数据不足暂未制定健康指导值的化学物的风险特征描述，如 JECFA 在第 64 次会议上，采用 MOE 法对丙烯酰胺、氨基甲酸乙酯、多环芳烃类等物质进行了风险特征描述，EFSA 采用 MOE 法对铅进行了风险特征描述。

3. 化学物联合暴露的风险特征描述

对食品中化学物风险评估的传统方法，以及风险管理者制定的管理措施都是基于单个物质暴露的假设而进行的，但实际情况可能是食品中存在多种危害化学物质，人们每天可通过多种途径暴露于多种化学物质，而这种联合暴露是否会通过毒理学交互作用对人体健康产生危害，如何评估联合暴露下的人群健康损害风险，已逐渐成为风险特征描述的研究热点以及风险管理者所关注的问题，化学物的联合作用包括 4 种形式剂量相加作用、反应相加作用、协同作用和拮抗作用。但根据以往的研究经验，除了剂量相加作用之外，若每种单体化学物的暴露水平均不足以产生毒性效应，那么各种化学物的联合暴露通常不会引起健康风险，因此以下主要对剂量相加作用及其对应的风险特征描述方法进行介绍。

在食品安全风险评估领域中，剂量相加作用和相应的处理方法是研究得较为深入的一种联合作用方式，该情形通常发生于结构相似的一组化学物间，若它们可通过相同或相似的毒作用机制引起同样的健康损害效应，当其同时暴露于人体时，即使每种物质的个体暴露量均很低而无法单独产生效应，但是联合暴露却可能因剂量相加作用而对人体产生健康损害风险，针对具有剂量相加作用的一类化学物，目前常用的风险特征描述的方法包括：① 对毒作用相似的一类食品添加剂、农药残留或兽药残阳，建立类别 ADL，通过将总暴露水平与类别 ADI 值比较进行风险特征描述，JMPR 采用该方法对作用方式相同的农药残留进行评估；② 毒性当量因子（Toxic Equivalency Factor，TEF）法，即在一组具有共同作用机制的化学物中确定 1 个"指示化学物"，然后将各组分与指示化学物的效能的比值作为校正因子，对暴露量进行标化，计算相对于指示化学物浓度的总暴露，最后基于指示化学物的健康指导值来描述风险。例如，JECFA 在对二噁英类似物进行风险评估的过程中，采用了 TEF 法，以 2，3，7，8 -四氯代二苯并二噁英（TCDD）为指示物进行风险特征描述。

4. 微生物危害的特征描述

比较而言，食品微生物危害的作用和效果都更加直接和明显，而这些微生物危害的界定和控制均有较大的不确定性。目前全球食品安全最显著的危害是致病性细菌[66]。就微生物因素而言，由于目前尚无较为统一的科学的风险评估方法，有关微生物危害的风险评估是一门新兴的发展中的科学。CAC 认为危害分析和关键控制点（Hazard Analysis and Critical Control Point，HACCP）体系是迄今为止控制食源性危害最经济有效的手段。

微生物危害主要通过两种机制导致人体得病产生毒素造成症状，从短期稍微不适至严重长期的中毒或者危及生命，宿主摄入感染活的病原体而产生病理学反应。对于第一种情况，可以进行定量风险评估，确定阈值。对于后一种情况，目前唯一可行的方法是对机体摄入某一食品产生损害的严重性和可能性进行定性的评估。

此外，还需提及预测食品微生物学。预测食品微生物学，就是通过对食品中各种微生物的基本特征，如营养需求、酸碱度、温度条件、需氧/厌氧程度以及对各种阻碍因子敏感程度的研究，应用数学和统计学的方法[67,68]，将这些特性输入计算机，并编制各种细菌在不同条件下生长繁殖情况的程序。它可以使我们在产品的初级阶段就了解该食品可能存在的微生物问题，从而预先采取相应的措施控制微生物以达到食品质量和卫生方面的要求。掌握了预测食品微生物学，会对在针对食品中微生物危害因素进行风险评估有较大的价值。定量微生物风险评估应是预测食品微生物学的一个具体的应用。

综上所述，作为食品安全风险评估的最后一个部分，风险特征描述的主要任务是整合前三个步骤的信息，综合评估食品中危害化学物和微生物、危害对目标人群健康损害的风险及相关影响因素，旨在为风险管理者、消费者及其他利益相关方提供基于科学的、尽可能全面的信息。因此，在风险特征描述过程中，不仅要根据危害特征描述和暴露评估的结果对各相关人群的健康风险进行定性和（或）定量的估计，还必须对风险评估各步骤中所采用的关键假设以及不确定性的来源、对评估结果的影响等进行详细描述和解释在此基础上，若需要进一步完善风险评估，还有必要提出下一步工作的数据需求和未来的研究方向等。

## 第四节　我国风险评估发展现状

### 一、发展历程

风险评估最初应用于环境科学危害控制领域，于 20 世纪七八十年代逐渐引入食品安全领域。美国是最早把风险评估应用于食品安全领域的国家之一，其将风险评估制定为国家食品安全标准、政策和法规的基础。1975 年，美国环境保护署（Environmental Protection Agency，EPA）发布了第一份关于氯乙烯的定量风险评估报告[68]；1976 年制定的《可疑致癌物健康风险和经济影响评估操作指南》对农药致癌风险分析的初步框架进行了描述。

20 世纪 90 年代，全球范围里的食品风险评估得到了快速的发展，并建立了食品安全风险分析理论框架，提高了世界范围的食品贸易安全水平。

我国的食品安全风险评估工作起步于 20 世纪 70 年代，卫计委先后组织开展了食品中污染物和部分塑料食品包装材料树脂及成型品浸出物等的危险性评估。加入世界贸易组织后，我国进一步加强食品中微生物、化学污染物、食品添加剂、食品强化剂等专题评估工作，开展了一系列应急和常规食品安全风险评估项目。

近年来，婴幼儿奶粉中的三聚氰胺、苏丹红、瘦肉精、白酒中的塑化剂、婴幼儿食品中的汞异常等食品安全事件和热点问题时有发生，食品安全隐患频频凸显。我国食品安全监管部门及研究机构在应对食品安全事件过程中，也逐渐应用国际通用的风险评估基本原理和方法开展风险评估初步实践和探索。风险评估作为食品安全监管的重要科学基础，在我国食品安全领域也逐渐得到应用和发展。2006 年颁布的《中华人民共和国农产品质量安全法》中，首次引入了风险分析和风险评估的概念，确立了风险评估的法律地位。2009 年，《中华人民共和国食品安全法》颁布实施，食品安全监管体系有了较大调整，中国建立食品安全风险评估制度，我国的食品安全风险评估工作走上了法制化的轨道，风险评估在我国真正进入了系统化建设、实质性应用和快速发展的阶段。风险评估是《食品安全法》的重要亮点之一，其中详细规定了风险评估的主要内容、实施主体、对象、原则和作用等。自2010 年以来，基于食品安全风险监测工作的不断深入，卫生部共开展优先评估项目 20 项，应急风险评估项目 10 余项，针对风险监测结果的评估工作约190 余项，涉及食品中危害因素近 100 种。先后完成了对食品中的铅、反式脂肪酸、苏丹红，零售鸡肉中的弯曲杆菌，即食食品中的单增李斯特菌，酒类氨基甲酸乙酯，油炸食品中的丙烯酰胺，酱油中的氯丙醇，面粉中的溴酸钾，婴幼儿配方乳粉中碘和三聚氰胺，双酚 A、PVC 保鲜膜中的加工助剂、红豆杉，二噁英污染等风险评估的基础性工作。《食品安全法》第十七条中规定"国家建立食品安全风险评估制度，运用科学方法，根据食品安全风险监测信息、科学数据以及有关信息，对食品、食品添加剂、食品相关产品中生物性、化学性和物理性危害因素进行风险评估"，确立了风险评估在食品安全领域的法律地位，明确了风险评估的主要内容。国务院卫生行政部门负责组织食品安全风险评估工作，成立由医学、农业、食品、营养、生物、环境等方面的专家组成的食品安全风险评估专家委员会进行食品安全风险评估。食品安全风险评估结果由国务院卫生行政部门公布，明确了风险评估的实施主体。《食品安全法》第二十一条规定"食品安全风险评估结果是制定、修订食品安全标准和实施食品安全监督管理的科学依据"，充分体现了风险评估是食品安全风险管理的科学基础。

2009 年 12 月，原卫生部依据《食品安全法》的规定，组建了国家食品安全风险评估专家委员会，主要负责起草国家食品安全风险评估年度计划，拟定优先评估项目，审议风险评估报告，解释风险评估结果等。2011 年

10 月 13 日，正式挂牌成立了国家食品安全风险评估中心（China National Center for Food Safety Risk Assessment, CFSA），作为负责食品安全风险评估的国家级技术机构，承担风险评估专家委员会秘书处职责，负责风险评估项目实施及风险评估基础性工作（如风险评估数据库建设，评估方法、模型的研究开发等），实现以科学为基础的风险评估和以政策为基础的风险管理的职能分离。

自风险评估制度建立以来，针对我国食品安全监管的需要，同时结合社会关注的热点问题，组织实施了 30 余项重点和应急风险评估项目。目前，已完成食品中镉、铝、铅、邻苯二甲酸酯类、氨基甲酸乙酯、硼、反式脂肪酸、沙门菌等优先评估项目，以及食盐加碘、婴幼儿奶粉中的三聚氰胺、白酒中的塑化剂、不锈钢锅中锰迁移等应急风险评估任务。这些风险评估实践工作在提升我国食品安全标准水平、应对食品安全突发事件、回应社会热点问题、公共卫生政策制定、食品安全监管、促进国际贸易和行业发展等方面起到了重要的科学技术支撑作用。

（1）提升我国食品安全标准水平。根据"中国居民膳食铝的风险评估（2010—2012 年）"项目的评估结果[70]，国家卫生计生委组织修订了含铝食品添加剂使用标准，对含铝食品添加剂使用范围和用量进行了调整。

（2）应对食品安全突发事件。2012 年 6 月，食品安全风险监测中发现某品牌婴幼儿配方食品中汞含量异常。原卫生部立即委托国家食品安全风险评估中心组织开展婴幼儿配方食品中汞的应急评估工作，根据评估结果采取了正确的处置措施，受到了国务院食品安全办公室的高度评价和肯定。

（3）回应社会热点问题。2010 年年底，国内多家主流媒体聚焦反式脂肪酸的安全性，引起了社会各界的高度关注。2012 年，国家食品安全风险评估中心对反式脂肪酸的健康风险进行评估[71]，通过公众开放日、官方网站、微博等渠道向社会各界科学解释评估结果、传播科学信息、澄清不实报道，科学回应了社会关注。

（4）为公共卫生政策提供科学建议。近年来，部分学者将甲状腺疾病发病率的上升趋势归咎于碘摄入过量，对中国食盐的加碘政策提出质疑。为科学评估食盐加碘政策与甲状腺疾病增加的关系，食品安全风险评估中心对我国不同地区居民碘营养状况进行风险评估，评估结果证实了中国食盐加碘政策在预防碘缺乏病中的贡献，为"因地制宜、分类指导、科学补碘"的碘缺乏病防控策略提供了科学依据。

（5）促进国家贸易和行业发展。2013 年，针对墨西哥提出放宽龙舌兰酒中甲醇限量的诉求，国家卫生计生委委托食品安全风险评估中心进行风险评估。根据评估结果，国家卫生计生委发布了《关于龙舌兰酒按照进口尚无食品安全国家标准食品管理的公告》（2013 年第 6 号），顺利解决了中-墨龙舌兰酒贸易争端。

## 二、发展现状

目前，我国的国家食品安全风险评估实验室包括由农业部负责的国家农产品质量安全风险评估实验室与由卫计委负责的国家食品安全风险评估实验室。农业部于 2012 年完成了对首批的 65 个农产品质量安全风险评估实验室的认定工作。农产品质量安全风险评估实验室相继开展了针对主要食用农产品的风险隐患摸底排查工作，并先后对重点产品、重点区域、重点风险因子进行了专项风险评估工作，为农产品质量安全监管提供了技术支撑。目前，农业部在全国建有 100 家专业性或区域性风险评估实验室、145 家主产区风险评估实验站。以风险评估实验室和试验站为依托，我国初步建立起了以国家农产品质量安全风险评估机构（农业部农产品质量标准研究中心）为龙头，农产品质量安全风险评估实验室为主体，农产品质量安全风险评估实验站为基础的三级风险评估网络。2015 年，国家农产品质量安全风险评估项目，重点对蔬菜、果品、茶叶、食用菌、粮油作物产品、畜禽产品、生鲜奶、水产品、蜂产品等重要"菜篮子"和"米袋子"环节带入的重金属、农兽药残留、病原微生物、生物毒素、外源添加物等污染物进行验证评估，对禁限不绝的禁限用农兽药、"瘦肉精"、孔雀石绿、硝基呋喃等问题进行评估解决。

# 第五节　相关法规解读

## 一、食品安全风险评估的作用

《食品安全法》明确规定了，食品安全风险评估的结果是制（修）订食品安全标准以及实施食品安全监督管理的重要科学依据。通过食品安全风险评估，若被评估的食品、食品添加剂，或是相关产品的评估结果为不安全的，国务院食品安全监管部门、质量监督部门等应当根据各自的职责向社会发出其评估结果为不安全的公告，并告知消费者应该立即停止食用该食品或是使用其相关产品，并采取确保该食品、食品添加剂，或是相关产品立即停止生产经营等措施，确保公众健康安全；若在评估后得出结论，需要制（修）订相关的食品安全国家标准，国务院的卫生行政部门应当立即组织连同国务院食品安全监管部门制（修）订相对应的食品安全国家标准。

食品安全风险评估由国务院卫生行政部门成立的由医学、农业、食品、营养、生物、环境等方面的专家组成的食品安全风险评估专家委员会进行。食品安全风险评估应当运用科学方法，根据食品安全风险监测信息、科学数据以及其他有关信息进行。因此，食品安全风险评估结果具有较高的权威性、科学性、可信性，应当在制定、修订食品安全标准和对食品安全实施监督管理的过程中发挥重要作用。

（1）食品安全风险评估结果应当作为制定、修订食品安全标准的科学依据

食品安全标准是强制执行的标准，是规范食品生产经营行为的技术指南，是食品安全评价的重要依据，是食品安全管理和执法的重要手段。因此，制定食品安全标准，应当以保障公众身体健康为宗旨，充分考虑食品安全风险评估结果，才能使所制定的标准科学合理、安全可靠。食品安全标准包括食品、食品添加剂、食品相关产品中的致病性微生物、农药残留、兽药残留、生物毒素、重金属等污染物质以及其他危害人体健康物质的限量规定，还包括食品添加剂的品种、使用范围、用量，与食品安全有关的质量要求，食品检验方法与规程等许多内容。这些内容反映出制定食品安全标准对于科学性、技术性手段要求很高，必须依赖于食品安全风险评估技术水平的不断提高。食品安全标准也不是一成不变，需要根据食品安全状况的不断变化而变更。修订食品安全标准应当把食品安全风险评估结果作为科学依据，才能真正保障食品安全。

（2）食品安全风险评估结果应当作为对食品安全实施监督管理的科学依据

食品安全监督管理措施必须建立在科学基础之上，因此，食品安全风险评估结果应当作为对食品安全实施监督管理的科学依据。经食品安全风险评

估，得出食品、食品添加剂、食品相关产品不安全结论的，国务院食品药品监督管理、质量监督等部门应当依据各自分工履行以下监督管理职责：一是立即发布公告，告知消费者停止食用或使用。这一内容在此次修改中做了调整，将"发布公告，告知消费者"作为监管部门首先要履行的职责。人民群众的生命健康权是最重要的权利，在得知食品、食品添加剂、食品相关产品的不安全结论后，监管部门最要紧的职责就是告知消费者停止食用、使用，将危害和损失降低到最小。根据本条规定，向社会公布、告知消费者的时间要求为"立即"，这是对履职部门的法定要求，不得延误。二是采取相应措施，确保该食品、食品添加剂、食品相关产品存在危害因素的，应当立即采取相应措施，如要求食品经营者停止经营不安全食品，切断源头，确保有问题的食品、食品添加剂、食品相关产品不再生产、流入市场，避免事件发展难以控制，造成更大的危害和损失。三是需要制定、修订相关食品安全国家标准的，国务院卫生行政部门应当会同国务院食品安全监督管理部门立即制定、修订。如果食品、食品添加剂、食品相关产品存在不安全的可能性，为适应新情况、新问题，有关食品安全标准可能也需要及时进行制定或调整，防止再次出现类似的危害。根据新法第二十七条的规定，食品安全国家标准由国务院卫生行政部门会同国务院食品安全监督管理部门制定、公布。因此，得出食品、食品添加剂、食品相关产品不安全结论后，如果有必要对食品安全国家标准进行制定或修订的，由国务院卫生行政部门会同国务院食品安全监督管理部门立即制定、修订。

## 二、《食品安全法》食品安全风险评估制度

在《食品安全法》订立的过程中，爆发了全国皆知的"三鹿奶粉恶性食品安全事件"，这起事件引起了国内外的广泛关注。根据事后调查，该事件的发生，根源来自奶牛养殖者为了牟取非法利益，在原奶中非法添加了所谓的"蛋白粉"，以此提高成品奶粉中的蛋白质含量，而所谓的"蛋白粉"的主要成分，即为三聚氰胺。在这起事件发生的 2008 年，食品相关的标准尚未以风险评估作为依据，食品相关试行的法律也还是《食品卫生法》，而该法还未对风险评估做出要求。在事件发生后，相关研究人员参考国外对三聚氰胺的相关毒理学评估，在其数据研究的基础上，通过风险评估步骤紧急

地制定了三聚氰胺在管理过程中的限量值。在此事件之后，全国人大吸取了"三鹿事件"的教训，深刻反思，在国内外研究及我国国情的基础之上，完善了我国的食品安全法律制度。

在 2009 年 6 月 1 日开始施行的《食品安全法》中，法律对食品安全风险评估及其结果利用做出了明确规定，法律明确定义了食品安全风险评估（详见《食品安全法》第十七条），并对其覆盖范围做了规定（详见《食品安全法》第十八条）。总体来说，《食品安全法》的建立是食品安全评估制度不断完善的表现。此外，《农产品质量安全法》和《食品安全法》两法对风险评估的定义和规定是一致的。两法的颁布以及顺利实施，表明风险评估制度在我国已被纳入法制轨道，我国已经开始用法律来确保风险评估的顺利实施。《食品安全法》中明确规定，国家应当建立食品安全风险评估制度，运用科学方法，根据食品安全风险监测信息、科学数据以及有关信息，对食品、食品添加剂、食品相关产品中生物性、化学性和物理性危害因素进行风险评估。国务院卫生行政部门负责组织食品安全风险评估工作，成立由医学、农业、食品、营养、生物、环境等方面的专家组成的食品安全风险评估专家委员会进行食品安全风险评估。食品安全风险评估结果应当由国务院卫生行政部门对外公布。对农药、肥料、兽药、饲料和饲料添加剂等的安全性评估，应当有食品安全风险评估专家委员会的专家参加。食品安全风险评估不得向生产经营者收取费用，采集样品应当按照市场价格支付费用。《食品安全法》相较于之前的《食品卫生法》，最大的区别在于采用了风险预防原则。风险预防原则对风险评估制度的实施具有重要意义。风险预防原则在实施过程中不以科学不确定性作为相关证据，也坚决杜绝特意延迟符合经济效益的预防措施实施的现象发生。风险预防原则在《食品安全法》中的运用，为食品安全风险评估的实施及其法律建设提供了充分的法律背景和依据，此外，风险预防原则还将风险评估从传统的事后执法的困境中解脱出来。

## 三、食品安全风险评估制度现状

就目前而言，我国的食品安全风险评估制度仍在发展当中，当中仍有部分不足以及不尽如人意的地方，导致其在执法过程中常常难有作为，并导致新兴和隐蔽的食品安全事故频频发生。这主要有 3 个原因。

（1）相关制度不够全面

在食品安全领域，虽然相关的法律法规规定了风险交流、风险监测以及食品安全标准等方面的相关制度，但是其规定所覆盖的范围尚不全面。一方面，目前食品安全风险评估的规定程序不协调；另一方面，目前对风险评估机构的规定尚不完善，个别专家组成员的评论并非基于事实。

（2）重点存在偏差

风险评估制度在实施过程中的重点存在偏差：我国在执行风险评估制度的过程中，其重点不是事先防御，而是侧重于对责任主体的日后惩戒。这导致只有当食品风险爆发时才能启发风险评估机制，风险信息在传递过程中存在时间差，从而导致最佳的防范风险时机流失。

（3）食品风险评估机构不完善

风险评估机构的独立性不强。我国的风险评估机构是由卫计委设立并隶属于行政部门，在行政上和开展风险评估工作的时候依靠卫计委领导，因此很难保障机构的独立性、公信力。尽管我国《食品安全法》规定卫计委通过检测或接到举报，应该立即组织食品安全风险评估工作。但从事实来看，行政部门往往组织评估不及时甚至不组织评估。此外，专家委员会成员多为卫生行政部门人员，其多数会为卫生行政部口的权力所俘获，致使专家委员会丧失了本身所具有的客观性、预防性、科学性。这一短板在发生许多食品安全事件时显得尤为突出：有时候，社会上发生的一起简单的食品安全事件，往往在政府机关处于地方经济利益保护或是维持社会秩序稳定，或是出于推卸责任和逃避责任的缘由，而将食品安全事件掩盖或是秘而不宣，并不采取任何措施以预防事件恶化，而在这一过程中，简单的食品安全事件逐渐演化引发公众信任危机，这些因素导致机构的附属性令公众产生怀疑。

此外，风险评估机构的人员编制程序也不完全严格，专家委员会成员通常由相关部门、科研院所推荐，并由卫计委聘用。这一聘用程序，与其他世界先进国家相比，明显存在着聘用程序不合理的问题。从机构设置以及成员构成分析，其现有人员中的行政人员明显多于专业人员，这使得机构具备极强的行政性质而非科研机构，这会导致在风险评估的过程中，行政方面的因素会极大地影响最终评估结果的科学客观性。事实上，在以往的案例经验中，权利或者利益导致的评估结果公正性出现偏差的现象也屡有发生，这导致公众会对风险评估制度及其专家委员会的信任荡然无存。

（4）评估专家权威性不够

我国的食品安全风险评估专家由两部分组成：食品安全风险评估专家委员会的专家委员和风险评估中心的专家从业人员，这些专家都被统称为内部科学顾问专家。由于我国的食品安全风险评估制度开展时间较晚，这些评估专家对食品安全风险评估实例的评估经验并不多，在评估时多依靠于自身现掌握的风险知识，对食品安全进行风险评估，但其掌握的相关知识存在局限性，而风险评估过程中又只以评估专家的知识作为唯一的评估信息来源，这往往与社会及民众的经验性与价值选择相悖，导致民众对评估结果的不信任。在风险评估过程中，专家主要通过科学方法、专业知识理性地得出分析结论可能对新出现的食品安全风险尚不了解。此外，评估专家多为科研学者，他们对于科技的进步与贡献更为重视，换言之，他们更倾向于选择新兴技术，但却往往忽略此类新兴技术对人体的潜在风险或副作用。评估专家对于食品技术中的专业知识过于理性的关注，造成其对非技术类问题的忽视，从而忽略了该技术可能会对消费者造成的潜在危害。

在许多实例中都可以发现，我国在风险评估的过程中对于科学性和合法性都十分匮乏，导致公众对评估结果充满不信任感。在2010年的膳食中的碘含量进行评估时，食品安全风险评估专家委员得出的《中国食盐加碘和居民碘营养状况的风险评估》报告就受到了社会大众的广泛质疑，卫计委次年发布了《食用碘含量》标准，提出加碘食盐中的碘添加量应该依据地区区别而定，不能使用全国统一标准，这与专家委员会提出的风险评估报告相悖，表明卫计委也对该风险评估报告存在质疑。食用碘的评估报告是我国专家委员会首次就重大的潜在食品安全问题进行风险评估，显然，这一评估成果并未收获理想结果，这与评估专家对评估工作的经验不足有着密切关系，也同时表明现阶段我国评估专家委员会所出具的风险评估结果在公信力和科学性方面仍显匮乏。

（5）公众参与度不高

尽管在我国的《食品安全法》中有规定食品安全监督管理机构与新闻媒体、食品行业协会、消费者协会可以参与食品安全风险评估信息的交流与沟通，但对于相关的公众参与风险议题的形成过程、公众参与风险评估的渠道以及公众与评估专家之间的沟通协调机制尚未明确规定。这导致在食品风险评估过程中，公众对制度构建的参与未受到足够重视，从而导致我国公众对风险评估的参与度不高。此外，《食品安全法》中关于食品安全风险评估制度体现出该法认为风险评估应依靠于科学的方法，并采取监测信息、科学数据等作为风险评估的证据。从字面上理解，该法认为食品安全风险评估是纯粹的、技术性的一门学科。这一说法将风险评估用毫无人情的科学论据来表达，限制了公众民主意识的表达，将风险评估制度与民众剥离开来，是一种极不民主的做法，会给风险评估工作的开展带来许多困扰。

## 四、食品安全风险评估制度的法律完善

从以上介绍可以看出，目前我国《食品安全法》中对于食品安全风险评估制度仍旧存在许多不足，比如对其评估制度的具体框架细分尚不明确，对其在实际操作中的可操作性尚未做出可行的操作方案。接下来将就改进法律的层面，提出几点食品安全风险评估制度的完善建议。

（1）建立风险评估、风险管理、风险交流的食品安全风险分析制度体系

尽管我国目前的《食品安全法》已涉及风险分析的制度程度，但却尚未对其细致的框架做出明确的设计及规定。为了增强该制度在实际实践过程中的可操作性，我们建议应在《食品安全法》中尽快建立风险评估、风险管理、风险交流的食品安全风险分析制度体系，并及早建立三者之间的联动模型，以保障《食品安全法》中遵循的预防原则的充分发挥，起到对法律的基础指导作用。

（2）参考借鉴先进国家的食品法律

在完善我国《食品安全法》的过程中，我们建议参考借鉴先进国家的相关食品法律，在其摸索前进建立的食品法律的基础之上，结合我国国情，制定出既具有一定前瞻性、可操作性、严谨性，又符合我国实际国情的风险评估制度。在完善风险评估制度的同时，应该注重对其范围、技术、职责范围、具体操作流程等各个环节进行细化，对提交的文件形式、报告内容等程序性质的内容做出更进一步的细致规定，并应将以上完善内容写入具体的法律条文中。

（3）制定相应的技术指南

目前对于风险评估制度尚缺乏具体、详细的技术指南，应当在后续的完

善措施中尽快将技术指南制定完成，并尽快提供相对应的评估机构以规范其评估操作。该技术指南是后续风险评估过程的一个重要的基础及技术支撑。截至目前，我国食品安全风险评估委员会已撰写《食品安全风险评估数据需求及采集要求》《食品安全风险评估工作指南》《食品安全风险评估报告》等多份技术性指导文件，相关部门需要进一步完善、修改这些技术性指导文件，并加快其落实、实施进程，以便使得食品安全风险评估工作在现实活动中更具实际操作性。

《食品安全法》明确规定，国务院食品安全监督管理、质量监督、农业行政等部门在监督管理工作中发现需要进行食品安全风险评估的，应当向国务院卫生行政部门提出食品安全风险评估的建议，并提供风险来源、相关检验数据和结论等信息、资料。属于本法第十八条规定情形的，国务院卫生行政部门应当及时进行食品安全风险评估，并向国务院有关部门通报评估结果。

（4）国家部委间配合协作

根据《食品安全法》和国务院确定的职责分工，国务院卫生行政、食品安全监督管理、质量监督、农业行政等部门分别负责食品安全监管有关工作。食品安全涉及面极为广泛，单单依靠一个部门不可能完成全面监管、全面防范的重任。食品安全评估虽由国务院卫生行政部门负责，但也需要其他有关部门给予密切配合和积极协助。这条规定从两个方面对国务院各个监管部门在加强配合、做好食品安全风险评估方面提出了高标准、严要求。

一方面，国务院食品安全监督管理、质量监督、农业行政等部门在监督管理工作中发现需要开展食品安全风险评估情形的，应当向国务院卫生行政部门提出食品安全风险评估的建议，并提供风险来源、相关检验数据和结论等信息资料。此次修改，新增加了提出建议的前提条件为"在监督管理工作中发现需要开展食品安全风险评估的"，还明确了有关部门应当提供风险来源、相关检验数据和结论等信息资料。这样修改的目的在于有关部门提出更加明确的要求。这些部门不同于一般的社会组织或者个人，承担着重要的食品安全监管职责，在监管过程中更容易获知食品安全风险的信息和资料。如果获知相关信息和资料而隐瞒不报，可能会给社会造成严重的危害后果。当有关部门在监督管理工作中发现某些食品安全问题需要进行食品安全风险评估时，就应当积极主动地提出食品安全风险评估的建议，这是一项硬性职责，不可以随意放弃。

另一方面，国务院卫生行政部门应当及时进行食品安全风险评估，并向国务院有关部门通报评估结果。此次修改新增了国务院卫生行政部门应当及时进行食品安全风险评估的条件为"属于本法第十八条规定情形的"，这样规定是为了使卫生行政部门的职责更加明确，通过法律将应当进行评估的法定情形确定下来，避免卫生行政部门在做出是否评估的判断时过于随意，裁量权过大。根据新法第十八条规定，通过食品安全风险监测或者接到举报发现食品、食品添加剂、食品相关产品可能存在安全隐患的，为制定或者修订食品安全国家标准提供科学依据需要进行风险评估的，为确定监督管理的重点领域、重点品种需要进行风险评估的，发现新的可能危害食品安全因素的，需要判断某一因素是否构成食品安全隐患的，国务院卫生行政部门认为需要进行风险评估的其他情形下，卫生行政部门就应当进行食品安全风险评估，不得再设定其他限制拒绝评估。做出评估后，国务院卫生行政部门应当向国务院食品安全监督管理、农业行政、质量监督等有关部门通报食品安全风险评估结果，以便有关部门及时了解后续情况，实现各部门的食品安全风险信息共享，更好地沟通协调国务院有关部门的具体监管工作，发挥食品安全风险评估的科学管理作用。

## 五、食品安全风险评估制度的操作完善

除去以上介绍的法律层面的制度完善，在实际操作上，也可以通过一些完善措施以提高食品安全风险评估制度的可操作性。下面将对其进行简要介绍。

1. 拓宽政府与社会公众的交流途径，引入公众参与机制

食品安全评估领域，"公众"从广义上来说，主要包括消费者、非政府组织（Non-Governmental Organizations，NGO）、消费者协会、食品行业协会以及新闻媒体等五大组织。不同的公众，其对于食品安全评估的参与需求是不尽相同的。由此，会导致公众与政府在对话互动时会显示出多层次性。近年来，伴随公众的民主意识增强，以及政府依法行政的程序越发完善，公众在立法、决策及其执法等方面的参与率愈来愈高。公众参与食品安全的评估，主要体现了工作对于政府行为的两方面诉求：① 充分保障公众对于评估过程的知情权，以保障公众可以充分了解评估的各方面信息；② 通过公众

参与食品安全评估这一过程，确保政府可以确切地回应公众单向提出的信息，从而让公众意见对政府决策产生该有的影响力。公众以及政府的互动可以直接影响食品安全的风险评估工作以及食品安全标准制定的决策工作。现阶段状态下，我国政府与公众交流的途径比较少，就参与效果来说，公众参与的层次性比较低，大部分的参与都是流于形式，没有较好的效果反馈；从参与的方式来说，如果让公众的意见仅能靠投"赞同"或"反对"票的绝对方式体现，那么，在参与的过程中就只有政府信息的单向传递，而没有公众反馈政府的信息的反馈途径，这导致公众参与对政府最终决策的影响和控制能力很小，从而导致公众的参与热情降低。

事实上，食品安全风险评估的出发点和最终解决方式都涉及公众的利益，因此，公众的意见对于食品安全风险评估最终成效来说，有着至关重要的意义。首先，相关机构应大力拓宽政府与社会公众的交流途径，如搭建现代化的信息交流平台，包括政府网站建设、政府公众号推送、社区宣传平台搭建等多种形式以向公众提供信息，此外还可以在食品安全风险评估中引入公众参与机制，以实现信息的双向交流，从而保证公众的知情权、质询权、监督权、协商权等权利。对于普通消费者而言，其参与食品安全风险评估，是出于个体利益。其次，对于行业协会、消费者协会等社会组织而言，其参与食品安全风险评估，代表的是群体利益，这类组织在参与风险评估时，更倾向于能与政府直接进行对话交流。政府在制定交流对话的制度时，也应该尊重这种社会利益集中表达的诉求，针对这类组织，可通过搭建正式的对话平台，如听证会、意见征求会、座谈会等会议形式，以此满足其直接对话的需求。政府可在这类会议上直接、充分地听取公众意见，并接受公众代表对专家评估意见的审查与质询，并可在会议上对公众意见进行及时的反馈，并可以及时反馈政府对公众意见的最终决定。最后，新闻媒体既是公众的组成部分，又是政府对外交流、沟通信息的主要媒介。媒体对于信息的传播以及舆论的引导作用是显而易见的，就食品安全风险评估而言，媒体应在政府与公众的对话机制中发挥推进作用：一方面推进政府新型问政平台的搭建，实现"政府传播"——"公众舆情反馈"的信息对接；另一方面推进公众意见的合理表达，提升基层社情民意对政府决策的影响力。

2. 提升评估专家的公信力

在我国，科学顾问专家包括专家委员会的专家和评估中心的专家，要提升评估专家的公信力，可以从两个方面着手提高：严格专家遴选制度及透明化遴选流程。

（1）严格专家遴选制度

设计科学且公正的专家遴选制度，能够切实保障食品安全风险评估报告的高质量与高科学性，从而获得公众、其他利益相关主体以及同行专家的信任和认可。完善的食品安全风险评估专家遴选制度包括以下环节：① 完善专家候选人的任职资格条件。我国《专家委员会章程》对专家委员会的筛选条件做出 5 项规定，但从实际操作而言，这 5 项规定显得远远不够。处于委员会的风险评估专家应具备丰富的风险评估经验以及跨学科的专业知识，方能使其在食品安全风险评估领域展现出一定的评估能力。② 制定严格的遴选程序。我国目前的《专家委员会章程》只规定了专家委员会的评估专家由卫计委聘任，但对于其具体的遴选程序尚未做出明确细致的法律规定。

笔者认为，在遴选评估专家时，具体的选拔标准可以按如下规定，设立专门的风险评估专家委员会成员的遴选机构，如专家遴选委员会，由其制定并组织遴选程序。在遴选工作开展前期，专家遴选委员会可通过网络渠道，如官方网站、新闻媒体等多种途径，发布招聘公告，符合招聘公告需求的人员可通过自行报名或是由有关单位推荐两种方式进行报名；之后由遴选委员会组织初步筛查，确定初步入围、进入复试的人员名单；之后再对符合复试需求的人员进行更进一步的审查面试，如对其专业知识的考核、模拟风险评估试验多种方式对成员进行能力等多方面审查，并最终确定最佳候选人名单；在确定候选人名单之后，需要经过官方网站公示、同行评价、公众意见反馈等多种公示途径，确定专家委员会的最终组成人员，若在最后的公示阶段有任何领域提出反对意见，则应立即组织重新审查，并核查反对意见来源是否真实，再做是否要将该名人员纳入专家委员会的决定。除了制定专家的遴选程度，其任免程序也至关重要，目前我国专家委员会的每届任期是五年，《专家委员会章程》也对终止委员资格的情形做出了规定。笔者认为，尽管章程做出了一定详细的规定，但对其委员会成员人数不足时的候补、辞退、成员的辞职等程序尚不明确，应在后续对其优化。

（2）透明化评估专家的遴选机制

目前的食品安全风险评估程序中，专家遴选的机制尚不公开与透明化，在后续的改善优化过程中，应将聘请选择专家流程的主要环节予以公开，这能使公众了解食品安全风险评估专家筛选聘请的工作过程，从而对之予以信任、理解；此外，这一举措还能让食品安全风险评估工作处于社会的监督之中，防止专家受到利益集团的驱使或是控制，做出一些有违事实及科学的评估结论；还能在一定程度上制约卫生行政部门对风险评估结论的控制。

要建立健全遴选专家程序的公开、透明选拔制度，可以从以下四点着手：① 签署重大信息保密协议，对于关于风险评估信息的公布，卫生行政部门和专家委员会都应该有权行使信息公开权，以保障信息公开的全面性、及时性与合理性，可以规定科学顾问专家签署重大信息保密协议；② 保证风险评估信息的公开性，其过程以及结果都要及时公开，同时，行使信息公开权的机构也应遵守相应的公开原则以保证评估信息的公开透明性；③ 公开的信息不应晦涩难懂，应将其组织编写成利于公众理解的、通俗易懂的文字，在便于同行专家验证的同时，方便社会大众对信息的理解；④ 对需要保密的事项进行辅助说明，对于一些不便于公开的机密性内容，相关机构应对其做出说明以请求社会公众谅解，这样有助于社会公众、同行专家以及其他利益相关组织的相互理解。

3. 健全评估程序

我国目前的食品安全评估程序尚不完善，总体来说，仍存在许多有待完善的地方，如启动程序、操作程序、公布程序等均存在不尽如人意的地方。本节将就以上三点，提出三点如何健全评估程序的解决方案。

（1）改进风险评估的启动程序

根据我国《食品安全法》规定，食品安全风险评估工作由卫生行政部门组织开展，并由其将评估任务下达传送至专家委员会，之后再由评估专家委员会根据实际情况实施具体的评估工作。由此可以看出，我国的风险评估启动程序处于一种被动单向的模式，风险评估的启动权被卫生行政部门完全掌控，致使食品安全风险评估机构处于明显的被动局面，这种被动的局面十分不利于我国开展风险评估工作。

本文建议在改进风险评估的启动程序时，我国可以借鉴一些发达国家的经验，将食品安全风险评估的启动权分为两种：① 食品风险评估专家委员会在接受食品安全风险监管机构（目前我国为卫生行政部门）的委托后，继而开展工作；② 由食品安全风险评估的专家委员会掌握主动权，由委员会决定是否启动风险评估程序。将主动权转移至专家委员会，可以有效保障风险评估机构的独立、权威性，可以最大限度地预防和解决食品安全风险问题，并可以有效减少食品安全风险事故发生率，极大程度地提高食品安全监管工作的效率，从而保障广大人民群众的身体健康安全。

（2）完善风险评估的操作程序

目前我国《食品安全法》对于食品安全风险评估制度的规定包含四部分，但对其具体如何实施操作却暂无明确规定，表明我国法律对于食品安全风险评估的具体操作程序规定得十分不完善。

要改善目前这一状况，我国应该抓紧时间着手建立相关制度，这些相关制度具体可细分为风险评估机构运行的内部规则、从事食品安全风险评估工作的工作人员在工作时遵循的流程、食品安全风险评估数据的收集与处理程序以及风险评估信息的对外发布程序等，以此来完善我国的风险评估操作程序。

（3）健全风险评估相关信息的公布程序

我国的《食品安全法》中对食品安全风险评估的信息公布与信息共享制度做了规定，同时在《食品安全法实施条例》中对食品安全信息公布的程序做出了具体规定。但是，综合分析、观察之前提到的相关法律法规，我们不难发现，这些法律法规对于有关于风险评估的信息公布的程序、信息公布的平台、公众了解该信息的渠道、公众反馈意见的渠道均未做出详细规定。

综合以上情况，本节提出一些解决方案：健全食品安全风险评估信息的发布程序，从而保障公众知情权。在健全的过程中，我国可以参考学习欧盟等国家的相关程序，并结果我国国情制定设计一个具有多元化的平台，以此满足社会中不同层次的公众需求。通过该平台，可以保证公众能充分了解食品安全的风险信息。这些平台可以是在农贸市场、大型商超等人流量密集的地方，设立一些不合格食品名单窗口，在该窗口及时公布不符合相应标准的不合格食品名单；还可以通过设立电话查询系统，或是建立食品质量监督网络等多种手段来达到披露信息的目的；此外，还可以通过一些媒体媒介，如免费热线电话、电视台、广播、电台、网络、新闻媒体、访谈、专家座谈会等形式，通过这些媒介来公布评估信息，从而保证社会公众可以通过多种途径查询到所需的可靠信息，这一举措可以有效提升社会公众对食品安全风险评估和监管机构的信任程度。

**4. 完善风险评估组织结构**

在对我国目前的风险评估组织结构进行分析解读时，我们不难发现，我国的食品安全风险评估组织在架构上存在着许多的不合理性。如，食品安全风险评估机构附属于卫生部门，不具备启动风险评估程序的主动性，中央与地方的食品安全风险评估机构在其职责分配上的界限也不明确。这些都导致我国目前的食品安全风险评估工作开展困难。针对以上提出的几点不合理性，本节就其组织结构方面出发，提出几点解决方案。

（1）增强评估机构独立性

评估机构的独立性，对于食品安全风险评估工作的顺利开展具有重要意义。在目前的状态下，我国食品安全风险评估工作中的主动权掌握在卫生行政部门中，这给后续工作的开展带来极大的困难。只有食品安全评估机构掌握其评估工作的启动权，而非像目前状况下的受卫生部门牵制的被动启动，才能保证其在评估工作中的独立性。而卫生部门，不应作为食品安全风险评估工作的决定机关，完全地独占开展评估工作，而是应该在必要的时候为风险评估专家委员会开展的每项食品安全风险评估工作提供组织与帮助。此外，为了保障食品安全风险评估机构的独立性，我国相关部门应该加大对风险评估机构的财政经费保障力度。尽管我国《专家委员会章程》中规定专家委员会的工作经费由卫生部申请专项财政经费保障，但是该项规定仅是停留在规范层面并未对具体的保障方式、保障力度做出具体规定。稳定的经费来源是食品安全风险评估机构在开展评估工作时候的重要经济基础，只有拥有独立稳定的经费来源，才能保证机构的工作顺利开展。

（2）保证风险评估机构权威性

对于食品安全风险评估机构而言，保障其权威性是评估结果科学性和有效性的基础。与此同时，保证食品安全风险评估机构的权威性可以重新树立社会公众对风险评估工作机制以及评估结果的信任感。

为了保障食品安全风险评估机构的权威性，首先应该增强评估机构的独立性，具体如何增强评估机构的独立性，本节已做过简要概述。独立性原则是我国食品安全风险评估的一项基本原则，评估机构的独立性是提升机构权威性的首要基础。为保障独立性原则的实现，保障评估工作的科学性与权威性，必须建立相对独立的食品安全风险评估组织，来独立承担风险评估任务，确保风险评估机构做出科学的结论，脱离对行政机关的依附。对于保障机构的权威性，对机构本身的成员遴选制度有着极高要求，只有当评估机构选择的评估专家具备公正、科学、权威等多方面特质，才是符合社会公众及政府部门需求的评估专家，这样的专业人士方做出的食品安全风险评估结论才是科学、客观、权威的。只有选择这样的专业人士作为评估专家，才能取得社会大众对机构的认可和信任，方能保证机构的权威性。

其次，应该设立评估机构成员的职业守则，通过设立正确的职业操守，使得评估机构的成员在评估工作进程中保存应有的客观公正，并严格禁止成员在任职期间从事任何其他与风险评估事业无关的工作，禁止其获取收受与本职工作无关的报酬或是礼品，从而保障评估结果的客观公正。

再次，应保证食品安全风险评估全过程的透明性。只有使得食品安全风险的整个评估过程充分暴露于公众视野中，才能保证公众监督权的顺利行使，也可在一定程度上提高评估机构对于食品安全风险评估工作的科学性和严谨性，从而提高社会公众对风险评估机构的了解及信任。

最后，应加强食品安全风险评估结论的普适性。根据我国现阶段所实行的风险评估实践案例，如对面粉增白剂和居民食用盐碘含量的风险评估实践案例等，可以看出我国现阶段下的风险评估机构所得出的风险评估结论是很难受到社会公众、企业、专家、卫生行政部门的认同的，这些多方领域大多对其评估结论存在质疑和争议。这种情况的发生，大多是由于评估机构对于评估结论的得出过程不够严谨或是没有参考社会大众意见及经验，从而导致所得结论不具普适性。

（3）明确风险评估机构职责

这里所提到的明确，指的不仅仅是明确机构内部的职责分配，同时也指明确中央与地方机构的职能分配。与之前提到的问题类似，尽管我国《食品安全法》对风险评估机构的部分职责做了规定，但对其内部该如何分配职责、结构该如何设立尚未做出明确的规定。

综合以上原因，本文认为专家委员会可根据不同事件的特点及需求，设立符合其职能需求的科学工作组，并根据实际需求，灵活机动地开展管理、分工工作，如可根据被评估物质的实际性质，设立生物性、物理性或是化学系评估小组，也可根据被评估物是否为新型食物，设立相对应的新类型食品评估小组，如转基因食品的风险评估，从而提高其工作效率。此外，可根据实际需求，在委员会中设立专门的人事部门来负责委员会成员的选拔、任免工作；还可根据工作需求，设立日常行政部门，以负责委员会中的日常基础的、非技术性的工作。只有合理明确地分配、划分风险评估机构的职责，才能确保风险评估工作在开展过程中的科学性与合法性。

# 第四章　食品安全风险控制

要保障我国的食品安全，如何对整个食品供应链进行风险控制和预防是至关重要的。在控制食品安全风险方面，建立一个综合食品安全控制制度尤为重要，该制度应该覆盖食品从农场到餐桌的整个过程。而食品安全标准作为我国的强制性标准，是保证食品安全、保障公众健康的重要措施之一，也是我们实现食品安全的科学管理、强化各个环节监管的重要基础，更是用于规范食品生产经营的安全性、促进整个食品行业健康良性发展的技术保障，也为风险交流提供了科学依据，为政府的执法提供了有利前提[72,73]。本章将分别从食品安全风险控制面临的任务、食品安全标准及食品召回制度三方面介绍我国的食品安全风险控制。

# 第一节 风险控制面临的任务

随着全球一体化进程的不断加深，食品安全问题已经逐渐突破国界。虽然不同国家的食品安全管理体制不同，但是食品安全监管的核心都是风险控制。风险控制的首要目标是通过选择和实施适当的措施，尽可能有效地将食品安全风险控制在可接受范围内，从而保障公众的安全和健康，具体措施包括食品安全标准的制定、质量管理系统标准的建立及食品召回制度。我国"十三五"规划期间，食品风险控制面临着一系列任务[74]。

## 一、我国食品安全控制现状

现阶段，党中央、国务院始终把食品安全摆在突出位置。习近平总书记强调，食品安全是重大民生工程、民心工程，要求食品安全落实最严谨的标准等"四个最严"的要求。十八届五中全会提出推进健康中国建设，实施食品安全战略，形成严密高效、社会共治的食品安全治理体系，让人民群众吃得放心。

"十三五"是我国全面建成小康社会的决胜阶段，党中央、国务院对食品安全工作的高度重视，彰显了维护人民群众身体健康的坚定信心和坚强决心，为我们加强食品安全标准与监测评估工作提供了新的机遇。创新、协调、绿色、开放、共享的五大发展理念，为我们从大健康、大卫生的角度做好食品安全标准与监测评估工作指明了方向。当前，我国居民消费结构正在转型升级，食品消费从全面温饱型向营养健康型转变，居民对食品营养安全的需求越来越高。一方面，随着工业化、城镇化和市场化的快速发展，食品生产经营量大、面广，我国仍处于食品安全矛盾凸显期和问题高发期。另一方面，食品新技术、新工艺的不断开发应用，以及各种新的食品化学污染物和致病微生物不断出现，给食品安全标准与监测评估工作提出了新的挑战。同时，在食品产业供给侧改革的新形势下，如何促进食品安全标准更好地适应经济发展，释放产业活力，以及改革和加强新食品原料、食品添加剂新品种、食品相关产品新品种等"三新食品"管理，也对我们的工作提出了新的要求。

当前食品安全标准与监测评估工作，与社会经济发展和人民群众不断增长的健康保障需求还有一定差距，仍然存在一些亟待解决的问题。一是各地监测评估能力发展不均衡，基层监测能力总体较弱。我国食品安全标准数量与指标仍有缺失，食品安全标准研制和跟踪评价能力不足。二是"互联网+"和大数据分析等信息化新技术对食品营养安全惠民措施的支撑作用有待充分发挥。食物消费量、食品毒理学和营养监测等风险评估基础数据库不够系统全面，食品安全未知风险识别技术研发力量薄弱。三是相关行业和社会机构有序参与食品安全标准与监测评估工作的协作共享机制尚不完善[76,77]。

## 二、目前面临的任务

在目前形势下，为保障我国食品安全，对食品安全的风险进行控制，我国在"十三五"时期的主要任务如下。

1. 依法履职，统筹做好食品安全标准与监测评估工作

（1）不断健全食品安全标准体系，提升标准实用性

第一，制定、修订300项食品安全国家标准。针对监管需要和产业现状与发展趋势，制定、修订目前需要的标准，以满足现阶段的发展需求。

第二，完善标准管理制度。制定公布食品安全标准的管理办法，实现食品安全标准与"三新食品"的衔接，国家标准与地方标准的衔接，食品安全标准制定与进口食品安全国家标准食品指定标准衔接，从而提升标准的实用性。

第三，提升标准服务能力。我国要建立健全各级卫生计生部门食品安全标准工作平台，完善地方标准，使地方标准成为国家标准的有效补充。还应当组织开展标准培训、咨询、跟踪评价工作，开展标准实施效果评价，服务监管部门、行业和企业，使得标准在使用过程中更有效、更实用。

第四，加强食品安全标准基础研究。应加强食源性疾病、食品污染物及其他有害因素的监测和抽检等数据在标准制定中的应用，完善标准的制定。整理完善国家层面技术法规与标准等方面基础数据，为标准制定修订、行政监管、产业发展、风险交流等提供技术基础。根据监测和评估结果及时修订

完善标准。加强标准相关基础研究，推动促进相关科技成果向标准转化。

（2）提高风险监测工作质量，提升监测科学性

第一，科学布局监测网络。风险监测以点带面、规范发展，将监测网络覆盖至全国所有县级行政区域，并逐渐向乡镇农村延伸，一步步消除监测"死角"和"盲点"，通过综合运用统计学原理、地理定位和信息技术，运用科学的方法设置监测点，结合地域特点和重点污染地区及重点人群需求，开展分类监测，对监测工作的针对性和代表性进行强化。

第二，科学地设置监测项目。根据食品安全形势和治理需要，每年都对可能存在隐患风险的监测项目进行调整，提高发现风险隐患的能力。省级卫生计生行政部门应根据国家风险监测计划和地域特点，制定本省（自治区、直辖市）的风险监测方案。

第三，强化监测质量管理。建立健全监测工作的采样、检验、信息报告等技术规范，建立和应用风险监测实验室的质量流程管理体系，制定监测工作考核的评价指标，加强对风险监测工作的督导，保障检测数据的准确性和可靠性。

（3）夯实风险评估工作基础，保障风险评估权威性

第一，逐步完善评估相关的基础数据。应开展对食物消费量的调查、对总膳食的研究以及人群生物样本监测，实施毒理学计划。县级以上卫计行政部门应严格按照国家的统一部署，组织开展对食物消费量进行调查等风险评估的基础性工作。

第二，将着力点放在研发新的评估技术方法上。借鉴国际经验，通过建立基于疾病负担和预期寿命的评估模型，探索研究生态环境-食品安全-食品营养-人群健康的内在联系和共性指标。

第三，提高未知风险识别能力。建立未知风险的识别和排查关键技术，开展新型风险隐患评估研究。

第四，扎实有序地开展评估工作。系统地对食品中 25 种危害因素开展风险评估，再逐步开展对食品安全限量标准中重点物质的再评估，对标准的制定修订、风险控制和食品安全治理提出咨询建议[79]。

（4）加强食源性疾病监测报告，提高通报及时性

第一，应加强食源性疾病暴发监测能力和国家食源性疾病分子分型溯源网络建设，将国家食源性疾病报告覆盖到县、乡、村。同时，还要建立关于

主要有毒动植物 DNA 条形码、国家食源性致病微生物全基因组序列等的数据库。

第二，地方各级食源性疾病监测溯源应实现互联互通，在各级食品安全监管部门之间建立起信息共享机制，做到及时通报食品安全隐患信息。

第三，还应加强对食源性疾病监测的相关技术研究。致力于发展基于全基因组测序的食源性致病微生物鉴定、耐药和环境抗性预测技术以及食源性病毒高通量检测分析技术。

（5）加强营养与食品安全知识科普宣传，防控食品安全引发的营养健康问题

应全面部署并实施《国民营养计划》，该计划以保障食品安全为基础。

第一，应大力开展食品安全知识的宣传教育，纠正自身的不洁饮食习惯和行为，同时减少贫困地区居民的营养缺乏和健康损害。

第二，应将研究编写中小学食育课外读物提上日程，根据不同年龄段学生的特点，对形式多样的课内外食育教育活动的开展进行指导。

第三，因地制宜地制定膳食营养指导方案，方案的编制应立足于食品安全标准与监测评估，且应适合于不同地区、不同人群的营养、食品安全科普宣传资料。

第四，应对传播渠道进行拓展，采用多种传播方式和渠道传播食品安全知识，定向且精准地向目标人群传播科普信息，注重发挥媒体的正向引导作用。加强营养、食品安全科普队伍建设。

2. 共建共享，强化食品安全标准与监测评估工作体系

（1）分级负责，建立完善工作网络

围绕"完善体系、夯实基础、提升能力"的主题，建立健全我国的食品安全标准、风险监测、风险评估及食源性疾病监测报告的工作网络。该网络应科学全面地完成卫生计生系统食品安全标准、风险监测和风险评估的职责。同时，与我国经济发展水平和公众健康需求相适应，以卫生计生行政部门为主导，以专业评估机构和疾病预防控制机构为支撑，以综合监督执法机构和医疗机构为辅助。

第一，应重点加强国家级食品安全技术支撑机构建设。我国应致力于积极推进国家食品安全风险评估中心建设，建设其成为国家级的食品安全科学技术资源中心。同时，还应依托国家食品安全风险评估中心，建立国家食品

安全标准的研究中心，大力提升标准工作能力。建立国家级重大食品安全事故病因学实验室应急检测技术平台也同样重要，用以提升中国疾病预防控制中心食品安全事故流行病学调查能力。第二，还应加强地方食品安全技术支撑机构及"横向贯通、上下联动"工作网络建设，以各省级疾病预防控制机构和风险监测参比实验室为核心，以地市级技术机构为骨干，县级技术机构为基础。第三，应加强卫生计生系统对基层食品安全工作的规范管理，构建出县、乡、村一体化的基层食品安全工作格局，畅通食品安全服务百姓"最后一公里"。

（2）分层分类，培养开发人才队伍

围绕"学科全面、技术领先、作用关键"的原则，应大力加强卫生计生食品安全人才队伍建设与培养，同时加大人力资源投入，并优化人才配置结构。在队伍建设过程中，应适度增加高层次专家型人才和基层一线紧缺人才的数量，充实风险评估、流行病学、食品营养等相关领域的专业人才。

第一，应完善人才结构。对于食品安全标准与监测评估工作，应在省、地市、县各级卫生计生技术机构编制框架内明确适当比例专（兼）职人员从事，只有均衡配置高中低研究人才与实用人才，才能发挥最大团队人才效益。第二，应实施卫生计生食品安全人才培育"1－1－4－1"工程。也就是说，到2020年，在全国卫生计生系统打造一支100人左右的食品安全技术领军人才队伍；为省级培训食品安全专业人才1 000人；为地市级培训4 000人；为区县级培训10 000人。同时，还应开展各级医疗机构关于食源性疾病报告的人员培训。第三，应进一步对培训形式进行创新，提高培训效率。我国各部门应根据人才培养需求，有的放矢地开展分级、分类培训，将集中式、分散式、互动式、模拟式等不同形式的现场教学相结合，提高培训的针对性和具体性，增强培训的实战性。加强培训考核管理也非常重要，有利于促进食品安全人才队伍业务水平的整体提升。第四，应实施国家食品安全风险评估中心提出的"523"人才计划，打造世界一流的国家级食品安全专家智库，并落实食品安全首席专家制度。

（3）互联互通，提升信息化支撑水平

加快推动食品安全业务深入融合互联网及创新发展，构建出"覆盖全国、资源共享、互联互通"的信息网络系统。

第一，应就卫生食品安全的大数据应用编制指导方案，明确关于食品安全标准与监测评估的信息化建设的要求和具体路径。以"标准统一、业务协同、信息共享、安全可靠"为原则，构建互联互通的从国家到县的四级网络体系。建立起覆盖全国的食品安全标准目录检索系统，推进包括食品安全标准、风险监测、风险评估、食源性疾病在内的多个系统的整合升级和一体化应用。

第二，应深入融合新技术，建设食品标准与安全的大数据应用平台，平台应注重数据的目录统一、分级管理、创新应用和安全可信。同时，应该将食品技术法规和标准、风险监测、食源性疾病、舆情监测、风险评估、消费量、总膳食、毒理学和营养健康等相关数据相整合，构建基础数据库。将食品安全风险监测、监督抽检及食用农产品监测抽检等数据资源整合融通，深化可视化数据挖掘技术和风险预测模型的应用研究，形成跨部门的信息共享机制，并开展实时分析和跨界的关联应用。建立覆盖县乡村医疗机构的国家食源性疾病网络直报系统也应列入规划中，以便进一步完善食源性疾病暴发监测系统和国家食源性疾病分子分型溯源网络，从而促进构建地方各级食源性疾病监测溯源平台，彼此互联互通。

第三，还应对数据应用进行创新，优先推动便民惠民服务类数据向社会开放共享，从而促进业务创新发展。另外，开发个性化、差异化的食品安全与营养健康移动应用产品也十分重要，比如营养膳食计算器、对患者提供营养支持、运动健康指导，等等，能方便基层群众获相关的信息，提高相关信息服务的覆盖面和精准度，提升公共信息的服务水平，从而达到切实提高保障公众身体健康和饮食安全支撑能力的目的。

3. 改革创新，加强国际国内合作，完善食品安全标准与监测评估工作制度机制

（1）健全工作制度

要健全工作制度，应当进一步制定和修订食品安全国家标准，完善包括风险监测、风险评估、食源性疾病监测报告等在内的配套制度，规范履职管理，优化工作流程，提高行政效能。同时，还应制定卫生计生基层医疗卫生机构的食品安全工作指南，从而加强基层食品安全相关工作。

（2）加强国际国内合作

只有加强国际间食品安全标准的交流，开展我国食品安全标准与国际食品安全标准的对比研究，加快适合我国国情的食品安全国际标准的研究转

化，才能真正保障食品安全。有关部门应做好食品添加剂、农药残留法典委员会主持国工作，牵头或是参与制定食品安全国际标准，提高我国在国际上对食品安全标准制定的话语权。

同时，还应当加强部门间的协作，建立食品安全国家标准的协作小组，在食品安全标准的制定发布、风险监测与评估的数据共享和会商通报、食品安全事故流行病学调查等方面，建立健全与食药、农业、国标委等部门协调配合、良性互动、顺畅高效的合作机制，形成合力。打通各高校、相关行业组织和专业机构有序参与食品安全标准与监测评估工作的渠道，全面提高决策的科学性和公信力。

（3）创新管理方式

应适应国务院提出的"简政放权、放管结合、优化服务"的改革要求和相关产业的发展需要，推动改革，加强对"三新食品"管理。应落实企业在执行食品安全标准上的主体责任，鼓励企业技术创新和产业协调发展，形成社会共治的格局。同时，还应强化信息化新技术手段在食品安全和营养惠民措施中起到的支撑作用，针对学生、婴幼儿、老年人等特定的目标人群，开展专项的行动，开启个性化膳食指导、差异化和推广健康烹饪模式等，不断满足公众对改善食品安全和营养信息指导的需求[80]。

### 三、保障措施

为了控制我国的食品安全，减少食品安全事件，必须将以下几个方面作为保障措施。

1. 规范食品生产经营许可，把好风险控制第一关

要实施食品安全风险控制，食品生产经营许可是最重要的环节。为此，国家从法律层面设定了食品生产经营许可制度，明确规定了要从事食品生产、食品销售、餐饮服务，应当依法取得许可。在监管层面，食品安全监管部门要依法对食品生产经营主体的经营环境和条件、设备设施、食品安全制度、从业人员资格等进行严格审查，确保食品生产经营主体的合规性。同时，食品安全监管部门还应当对已经取得许可的食品生产经营主体加强日常监督检查，确保其持续符合食品生产经营条件。而对不能持续符合食品安全生产经营条件的主体，食品安全监管部门要依法办理变更或撤销相关许可[81]。

2. 筛查食品安全风险隐患，组织开展风险评估

食品安全风险评估指的是对特定的食品、食品添加剂中生物性、化学性和物理性危害对人体健康可能造成的负面后果所进行的定性或定量分析。我国的食品安全监管部门应该构建食品安全风险研判机制，收集整理风险信息并进行全面客观的量化评价，表现在：第一，充分利用食品抽验、舆情监测、12331投诉举报等系统，广泛收集包括抽检监测、日常监管、舆情监测、案件查办等方面在内的风险信息，有效筛查潜在的食品安全隐患；第二，定期收集包括农业、卫生计生、出入境检验检疫、公安等部门在内的食品日常监管、监督抽检风险检测结果，对收集到的风险信息统一汇总整理和比对分析；第三，以风险事项可能造成或引发食品质量安全问题的范围、程度、性质等情况为标准，将风险事项划分为不同等级，建立食品安全风险指标评价体系；第四，组建食品安全风险评估的专家委员会，定期不定期地组织开展食品安全再评价及风险评估，对敏感性、行业性、区域性问题，及时进行分类评估，研究应对措施，防止出现系统性、区域性的食品安全风险[82]。

3. 实施风险分级管理，提升食品安全监管效能

风险分级管理要充分考虑到生产经营者的两个因素：静态风险和动态风险。其中，静态风险因素包括食品品种、经营规模、消费对象、经营场所、供应的人群等，而动态风险因素则包括生产经营条件保持、生产经营控制水平、管理制度建立及运行等方面。监管部门可以采用累计量化评分方式，把静态风险因素和动态风险因素对应分值相加，将食品生产经营者风险等级分为A级、B级、C级、D级风险（从低到高）四个等级。根据确定的风险等级划分结果，监管部门合理确定对各企业的监督检查频次、内容、方式以及其他管理措施[83]。

4. 做好风险交流预警，强化食品安全社会共治

食品安全风险交流是指各利益相关方就食品安全风险、风险所涉及的因素和风险认知相互交换信息和意见的过程。食品交流是为了最大限度地避免不确定的不利后果转化为确定的不利后果。食品安全监管部门应该建立起风险交流机制，构建部门互通、监管部门与社会互通的风险交流工作网络。第一，与各部门就有关食用农产品、生产销售食品进口食品等监管信息及风险评估结果展开交流，以及时掌握高风险品种及区域的食品安全隐患。第二，强化与食品行业协会的交流。有关部门将抽检监测和日常监管中发现的带有

普遍性、行业性的风险问题均通报行业协会，督促高风险行业做到诚信守法生产经营。第三，通过各种发布形式及时发布预警信息和消费提示，以避免不正确的风险认知而引发的群体性食品安全恐慌，促进营造食品安全社会共治的良好氛围。通过以上风险交流预警，全面把握情况，为科学有效监管提供依据。

5. 监督主体责任落实，做好风险隐患全程防范

食品生产经营者是食品安全的第一责任人。生产经营者的主体责任能否履行到位直接关系到食品安全风险防控的效果。因此，食品安全监管部门要监督食品生产经营者履行主体责任。第一，应督促食品生产经营者建立健全企业食品安全管理制度，并将其落到实处，加强对专职或者兼职的食品安全管理人员的培训和考核工作。第二，应督促食品生产经营者自觉建立食品安全追溯体系，以实现对其生产经营的食品做到来源可溯、去向可查、数量可计、安全可控。从而在发生食品安全问题时，能够及时召回相关产品、查清原因。第三，应强化对生产经营过程的风险控制。各生产企业从食品生产经营者实施原料控制、到生产关键环节控制、再到检验控制、运输与交付控制、直到最终的贮存与销售等关键环节控制，都要加以督促。同时还要按照《食品安全法》的要求，全面落实食品安全自查制度，定期对本企业的食品安全状况进行检查与评价，预防食品安全事故潜在风险的发生。第四，还应督促食品生产经营者加强对食品安全风险的应急处置。食品生产经营者应当以食品安全风险等级和拟采取的控制措施为依据，制定对食品安全突发事件的调查、处置和应对预案。对于不合格食品，食品安全监管部门应及时组织调查和处理，督促和监督生产经营者排查问题、分析原因、认真整改，并对其违法行为依法查处，严防食品安全事故发生[84]。

6. 推进食品标准化建设

鉴于我国食品标准化过程中存在的问题，食品标准体系的建设迫在眉睫，如何用最短的时间，"从农田到餐桌"对食品安全进行全过程监督管理，建立一套既符合中国国情又与国际接轨的食品安全标准体系重要性不言自明。在制定过程中，参考国际标准，清理不适应的现行食品标准，重点加快食品产地环境、生产技术规程和农（兽）药残留及有毒有害物质限量与方法的制定，完善动植物病虫害防疫和检疫各方面的标准，尤其是强制性标准的制定都非常重要。

### 7. 在标准化建设的同时，进一步完善食品认证制度

我国现在开展的食品认证形式很多，但形成规模的并不多。由不同部门各自开展的认证在一定程度上已经构成了部门间的壁垒。现在建立国家统一的食品认证认可体系迫在眉睫，只有在统一的体系框架下，各行各业的积极性才能最大限度地发挥，并共同开展工作。第一，对现有的几种认证制度应进行整合，建立统一的食品安全认证制度；第二，还要进一步加快建立我国食品的认证补贴机制，扶持我国农业更好、更快、更安全地发展[85]。

### 8. 加大资金投入，加快实验室建设，健全食品检验检测体系

随着当今我国农业科学技术的迅猛发展，从事包括转基因食品在内的农业高新技术产品质量安全监测机构的建设有待加强。由于涉及食品的质量与安全，加强食品安全检测体系建设应从产前、产中和产后三个主要环节入手，以统筹规划、合理布局、整合资源、提升档次为原则。一个食品安全检测体系应该由部、省（自治区、直辖市）、县（区）三级组成，具有布局合理、职能明确、专业齐全、运行高效的特点。在布局上，应建立健全部级专业性食品安全监督检验测试中心和建立省（自治区、直辖市）级综合性食品安全监测中心；有条件的县还应建成食品安全监测站。在检测范围上，要能够满足我国对主要食品及其"从农田到市场"准入的全程质量安全监控的需要；在监测能力上，要能够满足标准对食品的质量、安全、工艺、性能参数等的检测需要；在技术水平上，部级质检中心还应达到国际同类检验检测机构的水平，逐步实现国际双边或多边认证。

## 第二节　食品安全标准

食品安全标准，指的是用于判断某一食品在被食用后是否会对人类健康产生直接或潜在不良影响的标准。在我国，食品安全标准属于强制执行的标准。通常情况下，食品安全标准应该包括以下内容：① 食品、食品相关产品中的致病性微生物、农药残留、兽药残留、重金属、污染物质以及其他危害人体健康物质的限量规定；② 食品添加剂的品种、使用范围、用量；③ 专供婴幼儿和其他特定人群的主辅食品的营养成分要求；④ 对于食品安全、营养有关的标签、标识、说明的要求；⑤ 食品生产经营过程的卫生要求；⑥ 与食品安全有关的质量要求；⑦ 食品检验方法与规程；⑧ 其他需要制定

为食品安全标准的内容。由于人类的认识能力是有限的，随着医学和科技的不断发展进步，人们会发现对人体有害的物质越来越多，因此，不断地修订和完善食品安全标准是必须的。而我们制定食品安全标准的初衷就是能够保障公民的健康、人身安全和财产安全，只有符合了食品安全标准的食品才能够食用[86]。

在 2009 年新《食品安全法》通过之前，我国涉及食品、食品添加剂及食品相关产品的国家标准共有 2 000 余项，行业标准共有 2 900 余项，地方标准共有 1 200 余项。而新《食品安全法》通过之后，卫生行政部门立刻对食品的相关标准开展了整理清理工作，梳理了各个标准间出现的矛盾、交叉、重复等问题。迄今为止，国务院的卫生行政部门已经公布了将近 500 项食品安全国家标准，我国已经初步建立起了一个以国家标准为主体、以保障公众身体健康为宗旨的食品安全标准体系。

## 一、食品安全标准的基本规定

### 1. 食品安全标准的制定原则

食品安全国家标准是由国务院卫生行政部门根据《食品安全法》及《食品安全国家标准管理办法》《食品安全地方标准制定及备案指南》的规定负责制定、公布，国务院标准化行政部门提供国家标准编号的。食品安全标准的制定主要有以下原则。

（1）保障公众身体健康是制定食品安全标准宗旨

目前我国的食品安全总体来说状况良好，但仍然存在不少问题。如何针对我国目前的具体国情，制定出一套科学合理、安全可靠的食品安全标准，保障公众的身体健康，是整个食品安全标准制定工作的出发点也是落脚点。无论是制定食品安全国家标准，或者是地方标准以及企业标准都要围绕这一宗旨。

（2）食品安全标准应当做到科学合理、安全可靠

目前，我国的食品安全标准体系日趋完善。但是，随着食品工业的不断发展和人民生活水平的不断提高，食品安全标准工作仍然有很多亟须解决的问题，例如标准总体上来说标龄较长、食品安全标准的通用性不强、食品安全标准中部分指标仍欠缺风险评估的依据等问题，提高食品安全标准的科学

性、合理性等仍需要引起有关部门重视。要提高我国食品安全标准的科学性和合理性，就要把食品安全风险评估的结果作为依据，把可能会对人体健康造成危害的食品安全风险因素作为重点，从而科学而又合理地设置标准内容；要加强食品安全标准的基础性研究，也就是要提高我国食品安全的风险监测和风险评估能力；要坚持将立足于我国基本国情与借鉴国际的标准相结合，既要充分考虑我国的基本国情以及整个食品产业的实际发展，兼顾食品行业的现实以及监管的实际需要，也要积极地借鉴相关的国际标准中的先进经验，注重制定标准的可操作性；同时还要不断地创新标准制定工作机制，提高我国相关部门研制标准的能力和水平，提高整个标准制定工作的透明度以及公众的参与程度，广泛地听取食品的生产经营者、广大消费者以及有关部门等方面的意见。食品安全标准还应当做到安全可靠，保证食品的无毒无害，并且符合相关的营养要求，不会对人体造成损害和危害。

2. 食品安全标准的强制性

新《食品安全法》中的第二十五条明确地规定了食品安全标准执行具有强制性。

2009 年新《食品安全法》通过之前，食品卫生标准、食品质量标准以及行业标准等多套标准同时存在。为了有效解决这一问题，从制度层面上确保食品安全国家标准具有统一性，新的《食品安全法》规定，除了食品安全标准之外，不再制定其他的食品强制性标准。在 2009 年新《食品安全法》通过之后，国务院卫生行政部门先后开展了乳品安全标准、食品安全基础标准、食品卫生标准、现行食品标准的清理整合工作，为我国的食品安全标准拟定了框架。迄今为止，国务院的卫生行政部门已经基本完成了有关食品安全国家标准的整合工作，并且公布了将近 500 项的食品安全国家标准，这些标准包括了通用标准、产品标准、生产经营规范和检验方法四类，涉及上万项的安全指标和参数，基本上覆盖了整个食品生产加工过程中各个主要环节，"从农田到餐桌"和一些食品安全控制要求。

标准可以分为强制性标准和推荐性标准。标准是为了适应科学发展以及合理组织生产的需要，在产品的品种、规格、质量、等级或者安全、卫生等方面要求规定的统一技术要求。根据标准具有强制性与否，标准又可以分为强制性标准和推荐性标准。其中，用于保障公众健康，人身安全及财产安全的标准和相关法律、行政法规中规定强制执行的标准属于强制性标准，其他的标准则属于推荐性标准。国家标准的代号是由大写的汉语拼音字母构成的。强制性的国家标准的代号为"GB"，推荐性的国家标准其代号为"GB/T"。所有从事科研、生产、经营的单位和个人，都必须严格执行强制性标准，绝不允许生产、销售或是进口不符合我国强制性标准的产品。同时，国家对企业自愿采用推荐性标准表示鼓励。

食品安全标准关系着广大人民群众的身体健康和生命财产安全，属于强制执行的标准，这些标准包括食品安全国家标准以及地方标准。所有生产经营者、检验机构以及监管部门都必须严格执行相关标准的规定，绝不允许生产经营不符合食品安全标准的食品、食品添加剂以及食品相关产品，否则都应当承担相应的法律责任。

**3. 食品安全标准的实施程序**

由于各类食品安全标准的标准化对象有所差异，实施该标准的步骤和方法也有所不同，总体上都可以分成计划、准备、实施、检查、总结五个步骤。

（1）制订计划

在实施标准之前，首先要结合本单位、本部门的实际情况，制订实施标准的工作计划或方案。计划的主要内容包括标准的贯彻方式、标准的内容实施步骤、负责人员、起止时间、要达到的要求和目标等。在制订实施标准工作计划时，还应注意以下几个方面。

① 除了一些重大的基础标准需要专门组织贯彻实施外，一般应尽可能结合或配合其他任务进行标准实施工作。

② 按照标准实施的难易程度，合理组织人力，既能使标准的贯彻实施工作顺利进行，又不浪费人力和影响其他工作。

③ 要把实施标准的项目分解成若干个项目任务和具体内容要求，分配给各有关单位和人员，规定起止时间，明确职责、相互配合的内容与要求。

④ 进一步预测和分析标准实施以后的经济和社会效益情况，以便有计划地安排相关经费。

（2）准备阶段

贯彻实施标准的准备工作是很重要的一个环节，必须认真细致地做好，才能保证标准的顺利实施。准备阶段可从以下几个方面考虑。

① 建立机构或明确专人负责标准的贯彻，尤其是重大基础标准的贯彻，

涉及面较广，需要统筹安排，要有专门组织机构，明确专人负责。在两个部门、一个企业贯彻标准时，就要由主管技术的负责人牵头，成立临时标准宣传小组，统一研究、处理在新旧标准交替中需要专门处理的一些问题，以及与其他部门的配合协调工作。

② 宣传讲解，使标准实施者了解和熟悉所贯彻的标准和所要做的工作。只有大家了解，才会重视，才会在生产、研究和经济活动中自觉地去努力贯彻这项标准。因此，做好标准的宣传讲解，提高大家的思想认识，是一项不可缺少的准备工作。

③ 根据实施标准的工作计划，认真做好技术准备工作。首先要提供标准、标准简要介绍资料以及宣讲稿等。有些标准还应准备有关图片、幻灯片以及其他声像资料。其次是要针对行业特点和产品或工艺特点，编写新旧标准交替时的对照表、注意事项及有关参考资料。最后，要按照先易后难，先主后次的顺序，逐步做好标准实施中的各项技术准备工作，比如推荐适当的工艺和试验方法，研制实施标准必需的仪器设备，以及组织力量攻克难题等。

④ 充分做好后勤物资准备工作。标准实施过程中，常常需要一定的物质条件，如贯彻产品标准需要相应的原料、检测分析仪器等。

（3）实施阶段

实施标准就是把标准应用于生产、管理实践中去。实施标准的方式主要有下列五种。

① 直接采用上级标准，全文照办新标准，毫无改动地贯彻实施。一般而言，全国性综合基础标准等均应直接采用。

② 选用和压缩：针对本单位和本部门的实际情况，选取新标准中部分内容实施。

③ 补充和配套在标准实施时，对一些上级标准中的一些原则规定缺少的内容，在不违背标准基本原则的前提下，对其进行必要的补充和配套。这些补充，对完善标准，使标准更好地在本部门、本单位贯彻实施是十分必要的。在实施某些标准时，要制订实施的配套标准、标准的使用方法等指导性技术文件。

④ 编制标准对照表，将新、老标准通过对照表的形式进行展现，直观地体现标准变动的情况，便于实施工作的开展。

⑤ 为了提高本部门的效率和工作水平，或者稳定地生产优质产品和提高市场竞争能力，在贯彻某一项标准时，可以国内外先进水平为目标，提高这些标准中一些性能指标，或者自行制订比该标准水平更高的企业标准，实施于生产中。总之，无论采取哪种实施方式，都应有利于标准的实施。

（4）检查验收

按照标准实施计划或工作方案，对标准实施过程、产品质量或相关技术参数、管理措施、实施效果等逐一检查。对于国际标准实施情况检查，还要从标准化管理到人员素质、均衡生产、科学生产，按规定的验收标准一一进行检查。通过检查、验收，找出标准实施中存在的各种问题，采取相应措施，继续贯彻实施标准，如此反复检查几次，就可以促进标准的全面贯彻实施。

（5）总结

包括技术上和实施方法上的总结，以及各种文件、资料的整理、归类、建档工作。对标准实施中所发现的各种问题和意见进行整理、分析、归类，然后提出意见和建议，反馈给标准制订部门。总结并不意味着标准贯彻的终止，这只是完成第一次贯彻标准的循环，还应继续进行第二次、第三次的贯彻。在该标准的有效期内，应不断地实施，使标准贯彻得越来越全面，越来越深入，直到修订成新标准为止。

4. 食品安全标准的公布

新修订的《食品安全法》第三十一条明确规定了食品安全标准的公布原则。

（1）食品安全标准的公布

原法中对于食品安全标准的公布规定了较笼统的原则："食品安全标准应当供公众免费查阅"，而新法则对公布的主体、公布内容和公布方式作了更为具体的规定。

① 公布的主体

新法明确规定了公布食品安全标准的主体是省级以上人民政府卫生行政部门，包括国务院卫生行政部门和省、自治区以及直辖市人民政府卫生行政部门。

② 公布的内容

根据新《食品安全法》中第二十七条、第二十九条、第三十条的有关规定，食品安全国家标准由国务院卫生行政部门会同国务院食品安全监督管理部门制定、公布；食品中农药残留、兽药残留的限量规定及其检验方法与规程由国务院卫生行政部门、国务院农业行政部门会同国务院食品安全监督管理部门制定；屠宰畜、禽的检验规程由国务院农业行政部门会同国务院食品安全监督管理部门制定；地方标准由省、自治区、直辖市人民政府卫生行政部门组织制定、公布，并报国务院卫生行政部门备案；企业标准报省、自治区、直辖市人民政府卫生行政部门备案。因此，国务院卫生行政部门应当在其网站上公布食品安全国家标准和向其备案的食品安全地方标准，省级卫生行政部门应当在其网站上公布制定的食品安全地方标准和向其备案的食品安全企业标准。

③ 公布的方式

随着互联网的不断发展，在网站上将食品安全标准公布出来供公众免费查阅和下载，已经成为当下最便于公众查阅的方式。因此，此次修改对食品安全标准的公布方式予以进一步明确，即省级以上人民政府卫生行政部门应当在其网站上公布有关食品安全标准，供公众免费查阅、下载。提供食品安全标准，供公众免费查阅、下载是政府部门应尽的职责，也是食品安全标准信息能够被公众广泛知晓的要求。

（2）食品安全标准执行过程中的问题的处理

对于食品安全标准执行过程中可能遇到的问题，新《食品安全法》中给出了相关规定，应当由县级以上的人民政府卫生行政部门会同有关部门及时地给予指导和解答。这一相关规定是对于食品安全执行问题解答职责的明确规定。食品安全的国家标准是由国务院卫生行政部门和国务院食品安全监督管理部门共同制定并且公布的，有关食品中农药残留和兽药残留的限量规定及其检验检测的方法和规程是由国务院卫生行政部门、国务院农业行政部门以及国务院食品安全监督管理部门共同制定的，屠宰畜、禽的检验规程则是由国务院农业行政部门和国务院卫生行政部门共同制定的，而食品安全地方标准则由省级卫生行政部门制定的。因此，为了和食品安全标准的制定权保持一致，该法条规定了县级以上的卫生行政部门及其他有关部门对于食品安全标准在执行过程中出现的问题应该及时地予以指导和解答。其中，其他有关部门主要指的是食品安全监督管理部门、农业行政部门和质量监督部门[86]。

5. 对食品安全标准的监督

对食品安全标准的监督，指的是对于食品安全标准的贯彻实施情况采取监察、督促、检查、处理措施。它是政府标准化行政主管部门和其他行政主管部门领导和管理标准化活动的重要手段。对于食品安全标准的实施进行监督可以有效地促进标准的贯彻实施，监督食品安全标准贯彻实施的成果，考核食品安全标准的先进性及合理性，有利于促进食品安全标准的修订以及食品安全标准体系的完善统一。通过对于食品安全标准实施的监督，可以随时发现现行标准中存在的问题，为进一步地修订食品安全标准提供理论依据，也可以进一步地发现与其他相关标准的关系，从而深化食品安全标准化的活动，推动食品安全标准化活动的良性循环。

对标准实施进行监督检查的重点是强制性标准，包括强制性国家标准、强制性行业标准、地方标准和企业产品标准。国家标准、行业标准中的推荐性标准一旦被企业采用作为组织生产依据的，或者被指定为产品质量认证用标准的，也是标准实施监督的对象。对标准实施的监督可以通过以下几种形式[87]。

（1）国家监督

国家监督是指各级政府标准化行政主管部门代表国家进行的执法监督。在我国的《标准化法实施条例》中明确规定了国务院标准化行政主管部门应该负责对全国的标准实施进行监督。各省、自治区和直辖市的标准化行政主管部门则统一负责对本行政区域内的所有标准的实施进行监督。各市和县的标准化行政主管部门及相关的行政主管部门，则应当按照上级省、自治区和直辖市人民政府所规定的各自的职责，履行监督本行政区域内标准实施的职责。同时该条例还规定了，县级以上人民政府的标准化行政主管部门，可以根据需要设置检验机构，或者授权其他单位的检验机构，对产品是否符合标准进行检验，同时承担对其他标准的实施进行监督检验的任务。

（2）行业监督

行业监督指的是各级政府的各行业主管部门对本部门和本行业的标准实施情况进行监督检查的行为。我国的《标准化法实施条例》中明确地规定了国务院有关行政主管部门应当分工负责监督本部门和本行业的标准实施情况。而各省、自治区和直辖区人民政府的有关行政主管部门则分工负责监督本行政区域内本部门、本行业的标准实施情况。

（3）企业监督

企业监督是指企业对自身实施标准情况进行的内部自我监督，存在于整个生产过程。食品生产企业应安排专门的队伍和人员负责本单位的标准化工作。

（4）社会监督

社会监督指的是社会组织、人民团体、新闻媒介以及产品经销者和消费者对于食品安全标准的实施情况进行社会性群众监督的行为。不论是国家机关、社会团体、企业事业单位还是全体公民都有权利检举和揭发任何违反强制性标准的行为。

6. 食品安全标准的跟踪评价

新修订的《食品安全法》第三十二条明确规定食品安全标准的跟踪评价。

食品安全标准的跟踪评价，指的是对于食品安全国家标准或者是食品安全地方标准的执行情况进行调查，了解该标准的实施情况并对其进行分析和研究，提出有关标准的实施和修订的相关建议的过程。跟踪评价的工作包括贯彻落实和执行该标准的情况、推进该标准的实施措施和实施成效、标准的指标或是技术要求的科学性和实用性等需要跟踪评价的内容。食品安全标准跟踪评价工作应当以保障公众健康为宗旨，坚持科学合理、依法高效、公正客观、真实可靠的原则。根据《食品安全国家标准跟踪评价规范（试行）》的规定，食品安全标准跟踪评价主要采取问卷调查、现场调查、指标验证、专家咨询等方式。省级以上人民政府卫生行政部门应当会同同级食品安全监督管理、质量监督、农业行政等部门分别对食品安全国家标准和地方标准的执行情况进行跟踪评价，其评价结果将成为修订食品安全标准的重要依据。如果跟踪评价结果表明食品安全标准应当修订的，国务院卫生行政部门、国务院食品安全监督管理部门、国务院农业行政部门、省级卫生行政部门应当及时制定或者修订相应食品安全国家标准或者地方标准。

省级以上人民政府的食品安全监督管理部门、质量监督部门和农业行政部门等在其各自进行的食品安全监督管理过程中，如果发现现行食品安全标准存在问题，应将这些问题收集和汇总，并及时通报给同级的卫生行政部门，以便卫生行政部门和有关部门根据执行的情况，不断地对食品安全标准进行修改和完善，使其变得更为科学合理且安全可靠。

而食品生产经营企业或者是食品行业协会如果发现现行食品安全标准中存在问题，特别是如果存在可能影响食品安全的问题，应当立即向卫生行政部门报告。

## 二、食品安全标准的分级

根据我国《标准化法》的相关规定，我国现行的食品安全标准分为食品安全国家标准、食品安全行业标准、食品安全地方标准和食品安全企业标准四个级别。

1. 国家标准

（1）食品安全国家标准的制定要求

新修订的《食品安全法》第二十八条明确规定食品安全国家标准的制定要求。

第一款是关于制定食品安全国家标准的要求。食品安全国家标准对食品生产经营活动具有重要意义，是保障食品安全的前提，因此，制定食品安全国家标准要经过审慎的程序。

首先，食品安全国家标准必须是以食品安全风险评估结果作为依据并且充分考虑到了食用农产品质量安全的风险评估结果。食品安全风险评估的结果是用于制定食品安全国家标准的重要依据，对于食品安全国家标准的内容具有重大影响。由于食用农产品具有未经加工、可直接供食用的特点，因此，在制定相关的食品安全国家标准时，必须充分考虑到食用农产品的质量安全的风险评估结果，最大限度地防止和避免广大消费者食用农产品时因农药、兽药、肥料污染和有害因素而对人体造成危害[88]。

其次，食品安全国家标准的制定还必须参照相关的国际标准以及国际食品安全的风险评估结果。相关的国际标准和国际食品安全风险评估的结果，对于制定我国的食品国家标准都具有极为重要的参考意义，但是，在参考过程中，也应当充分考虑我国现实情况，万万不可盲目照搬。

最后，还要广泛地听取相关的食品生产经营企业、消费者以及有关部门等方面的意见。新法中将听取意见的对象由原法的"食品生产经营者和消费者"扩大到了"食品生产经营者、消费者、有关部门等方面"。这里的"有关部门"主要是指农业行政部门和质量监督部门等。

第二款则对制定食品安全国家标准时的程序进行了规定。国务院卫生行政部门组织食品安全国家标准评审委员会，对食品安全国家标准草案进行审查。食品安全国家标准评审委员会主要对食品安全标准是否科学合理、安全可靠，是否具有实用性和可操作性进行审查，并注意与法律法规、制定以及其他相关标准的衔接，与我国经济、社会和科学发展水平相适应。未经食品安全国家标准评审委员会通过，不得作为食品安全国家标准公布。

新法在食品安全国家标准评审委员会的组成上增加了"生物、环境"方面的代表。这主要是由食品安全标准的制定还涉及生物、环境因素，吸收有关方面专家参加评审委员会，可以更好地对标准的科学性和实用性进行审查。

（2）食品安全国家标准的制定

新修订的《食品安全法》第二十七条明确了在食品安全国家标准中，关于食品中农药残留、兽药残留的限量规定及其检验方法与规程及屠宰畜、禽的检验规程制定的相关规定。

① 食品安全国家标准的制定和公布。原法规定"食品安全国家标准由国务院卫生行政部门制定、公布"，同时还规定国务院食品安全监督管理部门对食品生产经营活动实施监督管理。这一食品安全标准制定和执行两者分离的体制，实践中遇到了一些问题，主要是一些急需的标准未能及时制定，不能满足食品安全和执法工作的需要。为使标准的制定和实践紧密结合，增强标准的科学性和可操作性，此次修改对食品安全国家标准的制定主体进行了调整，明确规定食品安全国家标准由"国务院卫生行政部门会同国务院食品安全监督管理部门制定、公布"。

为保证国家标准编号的统一和连续，本条第一款还规定了食品安全国家标准的编号由国务院标准化行政部门负责提供。

② 食品中农残、兽残的限量规定及其检验方法与规程的制定。原法规定为"食品中农药残留、兽药残留的限量规定及其检验方法与规程由国务院卫生行政部门、国务院农业行政部门共同制定"。为使农药残留、兽药残留的限量规定及其检验方法与规程的制定与实践更为紧密结合，新法对上述体制进行了修改，规定食品中农药残留、兽药残留的限量规定及其检验方法与规程由"国务院卫生行政部门、国务院农业行政部门会同国务院食品安全监督管理部门制定"。

③ 屠宰畜、禽的检验规程的制定。2013 年《中央编办关于农业部有关职责和机构编制调整的通知》对屠宰畜、禽的监管工作分工进行了调整，将商务部有关猪屠宰监督管理职责划给农业部。调整后，农业部负责起草畜、禽屠宰相关法律法规草案，制定配套规章、规范，负责畜、禽屠宰环节质量安全监督管理。此次修改，根据上述调整，将屠宰畜、禽的检验规程"由国务院有关主管部门会同国务院卫生行政部门制定"，修改为"由国务院农业行政部门会同国务院卫生行政部门制定"。

④ 过渡性条款的更改。新法删除了原法本条第四款"有关产品国家标准涉及食品安全国家标准规定内容的，应当与食品安全国家标准相一致"的规定。原法的规定主要考虑到，2009 年《食品安全法》通过后，仍有一些产品标准涉及食品安全国家标准规定内容，为避免出现相互冲突的情况而规定了过渡性条款。《食品安全法》通过至今已经 6 年多，食品安全标准和有关食品行业标准中强制执行标准的清理整合工作已基本完成，没有必要再对此做出规定。

（3）食品安全国家标准的内容

截至目前，我国已经公布了近 500 项食品安全国家标准，包括通用标准（基础标准）、产品标准、生产经营规范、检验方法标准四方面的内容。食品通用标准适用于各类食品，规定了各类食品中的污染物、真菌毒素、致病菌、农兽药残留、食品添加剂和营养强化剂使用、包装材料及其添加剂、标签和营养标签等要求。食品产品标准规定了各大类食品定义、感官、理化和微生物等要求。

食品生产经营规范标准强化了食品生产经营过程控制和风险防控，对原料、生产过程、运输和贮存、卫生管理等生产经营过程的安全控制提出了要求。食品检验方法标准包括理化、微生物和毒理等检验方法。

污染物质以及其他危害人体健康物质的限量规定。致病性微生物，农药残留、兽药残留、生物毒素、重金属等污染物质以及其他危害人体健康的物质，禁止人为添加到食品中，但是在食品生产（包括农作物种植、动物饲养和兽医用药）、加工、包装、贮存、运输、销售直至食用等过程中，可能会或多或少地进入食品中。如果人体摄入的危害物质超过一定含量，就会危害人体健康。因此，必须对食品中各种危害物质的限量做出规定。

按照对人类和动物有无致病性，微生物可以分为致病性微生物和非致病性微生物，致病性微生物包括细菌、病毒、真菌等。农药残留问题是随着农药在农业生产中广泛使用而产生的。在食品中的农药残留，如果超过一定限量，会造成食物污染，危害人体健康。兽药残留是指使用兽药后蓄积或存留于畜禽机体或产品（如鸡蛋、奶品、肉品等）中的原型药物或其代谢产物，包括与兽药有关的杂质残留。生物毒素，又称天然毒素，是指生物来源并不可自我复制的有毒化学物，包括动物、植物、微生物产生的对其他生物有毒害作用的各种化学物质，如黄曲霉毒素、真菌霉素等。重金属一般是指密度在 4.5 g/cm³ 以上的金属，如铜、铅、锌、铁、钴、镍、锰、镉、汞、钨、钼、金、银等，食物中的重金属超过一定量都将对人体产生危害。如果河流、湖泊、海洋或者土壤受到重金属污染，鱼类、贝类或者稻谷、小麦等农作物吸收、积蓄重金属后被人类食用，其中的重金属就会随之进入人体导致重金属中毒。例如一些地方的大米曾多次被曝重金属镉超标，有意见认为，其原因就在于土壤遭污染后，镉通过水稻根茎叶吸收、转运、积累到籽粒中，最终导致大米中镉超标。其他危害人体健康物质还包括放射性物质类等。

目前，我国已经制定了《食品中污染物限量》等食品安全国家标准，对食品中污染物质以及其他危害人体健康物质的限量指标进行了规定。

① 食品添加剂的品种、适用范围、用量。食品添加剂，是指为改善食品品质和色、香、味以及防腐、保鲜和加工工艺的需要而加入食品中的天然或者人工合成物质，包括营养强化剂。适当添加食品添加剂，可以改善食品的色、香、味，延长食品的保质期，满足人们对食品品质的新需求，但如果滥用食品添加剂，则会严重危害人体健康，因此必须对其品种、适用范围和用量进行严格限制。目前，我国已经制定了《食品安全国家标准 食品添加剂使用标准》（GB 2760—2014），以及《食品添加剂 硬脂酸钾》（GB 31623—2014）、《食品添加剂 天门冬氨酸钙》（GB 29226—2012）等多项有关食品添加剂的食品安全国家标准，对食品添加剂的品种、使用范围、用量进行规范。

② 特定人群的主辅食品的营养成分要求。婴幼儿是人一生中健康成长的重要时期，在这个时期如果能够得到合理的膳食营养，必将为其以后一生的身体和智力发育打下良好的物质基础。婴幼儿主辅食品的营养成分不仅关系到食品的营养，而且关系到婴幼儿的身体健康和生命安全，必须搭配科学，各种营养成分既不能过多，也不能过少。少了会营养不良，多了也可能

引起中毒。因此，必须在进行风险评估后规定营养成分的最高量、最低量等要求，使婴幼儿在满足营养需求的同时又保证食用安全。同样，其他一些特定人群对主辅食品的营养成分也有特殊要求，需要制定相应的标准。

③ 对与卫生、营养等食品安全要求有关的标签、标志、说明书的要求。原法的规定为"与对食品安全、营养有关的标签、标识、说明书的要求"。在此次修改过程中，有意见提出，新法附则中明确规定，食品安全指食品无毒、无害，符合应当有的营养要求。因此，营养是食品安全的应有之义，包括在食品安全中，不应当再把两者并列，建议将"食品安全"修改为"卫生"。新法根据上述意见，进行了相应修改。

④ 食品生产经营过程的卫生要求。为规范食品生产过程，国务院卫生行政部门制定了《食品安全国家标准 食品生产通用卫生规范》（GB 14881—2013）和《食品安全国家标准 食品经营过程卫生规范》（GB 31621—2014）。《食品安全国家标准 食品生产通用卫生规范》规定了食品生产过程中原料采购、加工、包装、贮存和运输等环节的场所、设施、人员的基本要求和管理准则，各类食品的生产都应当适用该标准。《食品安全国家标准 食品经营过程卫生规范》规定了食品采购、运输、验收、贮存、分装与包装、销售等经营过程中的卫生要求，各类食品的经营活动都要适用该标准。

⑤ 与食品安全有关的质量要求。主要包括：一是与微生物控制和食品腐败变质等安全指标密切相关，如水分、杂质、酸价等；二是体现食品应当有的营养要求，例如生乳的蛋白质、婴幼儿配方食品中各类营养物质等；三是产品特征性指标，例如天然矿泉水中的矿物质含量等。

⑥ 与食品安全有关的食品检验方法与规程。原法的规定为"食品检验方法与规程"。在修改过程中，有意见提出，不是所有的食品检验方法与规程都与食品安全有关，都应当纳入食品安全标准，因此将本项进行了相应的修改，增加了"与食品安全有关"的规定。食品检验方法标准包括理化、微生物和毒理等检验方法，是基础和产品标准中各类限量指标的配套检测方法。

⑦ 其他需要制定为食品安全标准的内容。本项属于兜底条款，包括其他没有明确列举，但是涉及食品安全，需要制定标准的内容。

2. 行业标准

《中华人民共和国标准化法实施条例》第十三条和第十四条分别规定，对没有国家标准而又需要在全国某个行业范围内统一的技术要求，可以制定行业标准（含标准样品的制作）。制定行业标准的项目由国务院有关行政主管部门确定。行业标准由国务院有关行政主管部门编制计划，组织草拟，统一审批、编号、发布，并报国务院标准化行政主管部门备案。行业标准在相应的国家标准实施后，自行废止。

国家质量监督检验检疫总局也于 1990 年发布了《行业标准管理办法》，该办法中明确规定，全国专业标准化技术委员会或专业标准化技术归口单位负责提出本行业标准计划的建议，组织本行业标准的起草及审查等工作。全国专业标准化技术委员会是指在一定专业领域内，从事国家标准的起草和技术审查等标准化工作的非法人技术组织，包括技术委员会（TC）、分技术委员会（SC）和标准化工作组（SWG）。

3. 地方标准

新修订的《食品安全法》第二十九条明确规定了食品安全地方标准的制定、备案和废止。

对于是否制定食品安全地方标准，存在两种不同意见。一种意见提出，目前我国已有近 500 项食品安全国家标准，涉及上万项安全指标和参数，基本覆盖了"从农田到餐桌"的食品生产加工的各主要环节及食品安全控制要求。食品安全国家标准制定遵循通用性原则，将相同类别食品归类制定标准，提高了标准的覆盖面，特别是食品安全通用标准（横向标准）不针对单个产品设置标准，扩大了食品安全国家标准的覆盖面，没有必要制定地方标准，否则会使一些地方政府借地方标准搞地方保护主义，不利于食品业的发展，因此建议删除有关食品安全地方标准的规定。但也有意见认为，立法应当从实际出发，现实生活中确实存在一些地方特色食品，尚未制定食品安全国家标准，短期内不可能或者也没有必要制定国家标准对此类食品，应当制定地方标准进行规范。立法机关充分听取各方意见，经多次调研，最终保留了有关地方标准的规定，但对其制定和废止进行了一定限制：一方面，应当报国务院卫生行政部门备案；另一方面，在制定食品安全国家标准之后，该地方标准应当立即废止，以避免出现国家标准和地方标准同时存在的情况，导致适用混乱。

（1）对于地方特色的食品，如果没有相应的食品安全国家标准，可以依法制定食品安全地方标准

新《食品安全法》对于制定食品安全地方标准的相关规定进行了修改，

对限制了食品安全地方标准制定的相关情形，规定仅仅是没有相应的食品安全标准的地方特色食品才可以依法制定相关的食品安全地方标准，而对于不属于地方特色食品的其他食品，或者食品添加剂以及食品相关产品、专供婴幼儿和其他特定人群的主辅食品、保健食品等其他食品安全标准内容，不允许制定地方标准。

（2）省、自治区、直辖市人民政府卫生行政部门制定、公布食品安全地方标准

第一，只有省级的卫生行政部门，也就是省、自治区和直辖市人民政府的卫生行政部门才能够制定和公布食品安全地方标准。第二，制定食品安全地方标准时应当把保障公众的身体健康作为制定的宗旨，切实做到科学合理、安全可靠地制定标准，以食品安全风险的监测和评估结果作为理论依据，同时，有关部门在制定的过程中还应当广泛地听取各方面的意见，提高制定和修订标准过程中的透明度。

（3）食品安全地方标准应当报国务院卫生行政部门备案

负责制定相关食品安全地方标准的省级卫生行政部门，应当按照有关规定，在一定时间内，按规定的要求，向国务院卫生行政部门备案。

（4）食品安全国家标准制定后，该地方标准即行废止

由于食品安全国家标准在不断完善，地方特色食品的食用范围在逐渐扩大，国务院卫生行政部门和食品安全监督管理部门可能会为原本没有相关国家标准的地方特色食品制定相应的国家标准。在相关的食品安全国家标准制定好之后，该地方标准就应当立即废止，避免发生地方标准和国家标准同时并存的情况，以维护食品安全标准的唯一性。

4. 企业标准

食品安全企业标准，是由生产食品的企业自己制定的，以此来作为企业组织生产的依据。食品安全企业标准是仅在企业内部适用的食品安全标准，在企业标准的范畴之内。所谓企业标准，是指在企业范围内，对于所有需要进行协调和统一的技术、管理以及工作要求而制定的相关标准，是一个企业用于组织生产和经营活动的相关依据。对于企业来说，制定相关的企业标准有利于其强化企业内部管理，提高工作效率，降低经营成本，还能提高企业的市场竞争力。食品安全企业标准的制定、公布和执行受到《食品安全法》和《食品安全企业标准备案办法》的制约，既保障了对于食品安全的要求，

也体现出了对食品企业生产经营自主权的尊重。

（1）食品安全企业标准应当严于食品安全国家标准或地方标准

国家标准或者地方标准由于要照顾到全国或者全省的平均水平，是保障食品安全的底线。为了增强市场竞争力，企业可以制定严于国家标准或地方标准的企业食品安全标准，提高食品的市场竞争力。国家鼓励企业的这种行为。

（2）企业标准是该企业组织生产的依据，在企业内部适用

企业在进行食品生产时，应当严格遵循已经备案的食品安全企业标准的规定，按照该标准组织生产、进行检验，保障其生产食品的安全。

（3）食品安全企业标准的备案制度

相关企业制定的食品安全企业标准应当上报省级卫生行政部门进行备案。省级卫生行政部门在收到企业食品安全标准的备案材料后准予登记，如果发现备案的企业食品安全标准违反有关法律、法规，或者低于国家强制性标准或地方标准时，省级卫生行政部门应当予以指出、纠正。

## 三、现行标准存在的问题

在我国，食品标准是食品行业及其相关产业必须遵循的准则。通过长期的实践与总结，我国已建立起一套较完整的食品标准体系，基本上能满足目前食品行业的需求。但是，我国的食品标准仍然存在一些问题，主要表现在以下几个方面[89]。

### 1. 食品标准体系不完善

目前，我国食品标准的起草部门非常多，加上审查和把关不够严格，导致标准与标准之间未达到协调统一。行业标准和国家标准之间的层次不清且不协调，存在许多问题，包括交叉、矛盾和重复等。有的产品有好几个标准，并且对其检验方法和含量限度的规定都有所不同，这不仅给实际操作带来了很大的困难，而且还不利于食品的生产经营和市场监管。

### 2. 部分重要产品标准短缺

我国食品生产、加工和流通环节所涉及的品种标准、产地环境标准、生产过程控制标准、产品标准、加工过程控制标准以及物流标准的配套性虽已有改善，但整体而言还没有成型，使得整个食品生产过程中的安全监控措施

缺乏有效的技术指导和依据。标准中某些技术要求特别是与食品安全有关的，如农兽药残留、抗生素限量等指标设置不完整甚至完全未作规定。如产量居世界首位的猪肉，我国虽已有从品种选育、饲养管理、疾病防治到生产加工、分等分级等 20 余项标准来规范猪肉的生产管理，但在产地环境、兽药使用等关键环节上却很薄弱，从而导致我国的猪肉产量虽然很高但是其国际市场份额却相对较小。对于一些已经在广泛使用的高新的技术产品诸如酶制剂、氨基酸或是蛋白金属的螯合物以及各种抗生素、促生长剂和转基因产品，等等，目前我国相关的技术标准基本还属于空白。由于缺乏统一的标准，导致生产加工企业无标准可依，广大消费者更是觉得无从判断，同时还使得政府部门很难有效地监管食品企业的生产行为。

3. 标准复审修订不及时

我国的《标准化法实施条例》中第二十条对标准复审的周期进行了规定，要求一般不超过 5 年。但是，由于我国有关食品产品的行业标准一直以来沿用的都是计划经济时期制定的标准，根本无法适应新的社会环境，难以发挥统一的规划、制定、审查和发布作用，导致对食品的管理上经常发生缺位、错位以及混乱现象。而且标准的更新周期非常长，标准的制定和修订不及时且制定和修订都需要很长时间。现行国家标准标龄普遍偏长，平均的标龄已经超过了 10 年，有的甚至达到了 20 年。一般情况下，国家标准的修订周期应该不超过三年，但是所有已经完成修订的国家标准当中，按照规定时间进行修订的不超过十分之一，甚至还有标准的制定和修订周期达到了 10 年之久。标准的标龄太长导致标准中的技术内容既不能及时地反映整个市场需求的变化，也无法体现我国的科技发展和进步。对于这类标准应尽快纳入修改计划。

4. 食品标准的编制仍有许多不规范之处

食品标准在具体编制时应遵循 GB/T 1.1—2009《标准化工作导则第 1 部分标准的结构和编写》、GB/T20001 标准编写规则系列标准等有关基础标准的要求，但我们发现，食品标准编制中有许多方面都不符合上述要求。这些方面主要有：① 部分标准的编写格式不规范；② 部分标准中制定的技术要求不科学；③ 部分标准的技术要求中，项目单位不符合要求；④ 部分标准未能够按照相关的要求定期修订或是确认；⑤ 一些企业标准中的管理措施不完善。

5．部分标准标的实施状况较差

我国的标准化工作一直以来实行的都是统一管理和分工负责相结合的管理体制。在国务院授权后，在国家质量监督检验检疫总局管理下，国家标准化管理委员会统一管理全国标准化工作[90]。

由于一些历史遗留原因，我国的食品行业规模化程度和组织化程度都不高。同时，加上食品行业从业人员文化程度相对较低、思想意识相对较为落后，相关的食品安全标准信息的发布渠道又不畅通，相关标准的宣传工作和推广措施也不到位，还有部分标准的可操作性也不强。种子、农药、兽药、化肥、饲料及饲料添加剂等农业投入品类标准以及安全卫生标准虽经发布，但产业界不按标准执行的现象仍很严重。这些问题都极大地影响了我国食品标准的实施和食品安全水平的提高。

6．标准意识淡薄

《中华人民共和国标准化法》虽已发布 20 年，但并未被大多数公民了解和接受，连少数从事质量监督和产品生产者对该法也知之甚少。普通消费者对标准了解甚少而无法辨别真伪。在食品的产销环节中，为了地区、局部或少数人的利益，不执行相关标准、随意更改标准要求的现象时有发生，致使伪劣产品进入市场，危及人们的身体健康。例如，有些企业明知其生产的食品已有国家或行业标准，但由于原辅材料或自身的生产水平不高等原因，产品质量达不到标准的要求，因而采取降低要求或取消不合格项目的办法，重新制定企业标准登记备案，这显然不符合《中华人民共和国标准化法》中关于企业标准制定的有关条款规定。标准化意识的淡薄还表现在政府对标准执行方面的政策支持力度还不够，以及标准化的相关工作缺乏权威性而且执行能力不足。很多企业都缺乏标准化的意识，完全没有认识到食品安全标准是集经验、科技成果和专家智慧于一体的产物，也没有认识到标准化能够显著提高企业的竞争力。

## 四、司法实践

1．樊某某、李某某销售不合格食品罪案一审刑事判决

2016 年 1 月 8 日，甘肃省武威市凉州区人民法院对"樊某某、李某某销售不合格食品罪案"做出一审刑事判决。

（1）案件事实

经审理查明，2014 年 12 月，被告人樊某某、李某某在本市凉州区注册成立青海省祁连县海龙生态发展工程有限责任公司武威分公司，经营范围为非食用盐。后两人在本市凉州区松树乡、金塔乡、古城镇以工业盐、皮革防腐剂冒充食用盐低价向被害人任某等九十五户人家销售。最终，樊某某、李某某向被害人销售的工业盐、皮革防腐剂总计 10.3 吨，销售价值 15 725 元。

经甘肃省盐产品质量监督检验站鉴定，樊某某、李某某向被害人销售的工业盐、皮革防腐剂符合工业盐标准要求，为合格工业盐，但并不符合食用盐碘含量国标及食用盐国标要求，严禁食用。

武威市疾病预防控制中心证明本市凉州区属于缺碘地区，长期食用非碘盐和工业盐会造成人体缺碘，从而引起碘缺乏病，长期缺碘会对人体造成以下危害：儿童智力缺陷是碘缺乏病最大的危害，缺碘所致的智力落后不能治愈，导致胎儿死亡、畸形、聋哑或流产、早产、成人体力和劳动能力下降，儿童生长、发育受到影响，地方性甲状腺肿大和地方性克汀病是碘缺乏病最明显的表现。

案发后，公安机关从青海省祁连县海龙生态发展工程有限责任公司武威分公司库房内及樊某某住处扣押剩余工业盐、皮革防腐剂及运输货车一辆。

被告辩护人的辩护意见是，销售不符合安全标准的食品罪在主观方面应为故意，客观方面必须达到足以造成其他严重食源性疾病的标准。本案中，被告人樊某某等在销售盐产品过程中使用的是原包装，并没有将工业盐冒充食用盐进行销售，而故意行为在没有造成严重食物中毒可能的前提下，如果构成本罪，就必须达到足以造成其他严重食源性疾病的标准，才可能构成本罪。且碘缺乏病却并不属于食源性疾病，樊某某的行为在客观方面不构成销售不符合安全标准的食品罪。故起诉指控被告人樊某某犯销售不符合安全标准的食品罪不能成立。此外，本案中出具检验报告的盐务部门的内设机构甘肃省盐产品质量监督检验站，该站并不属于省级以上卫生行政部门确定的机构，没有鉴定资格。综上，现有证据不能证明樊某某等销售的盐产品含有害细菌和其他污染物，故起诉证据不足，起诉指控被告人樊某某销售盐产品的金额和数量有误，证人证言与被告人樊某某的供述销售金额、数量也不能相互印证，本案事实不清。综上，起诉指控的被告人樊某某犯销售不符合安全标准的食品罪事实不清，证据不足，指控罪名不能成立，请求依法判令被告人樊某某无罪。

（2）审判过程

法院认为，被告人樊某某、李某某违反国家食品安全管理制度，明知工业盐、皮革防腐剂系不符合安全标准的食品，足以造成碘缺乏引起的食源性疾病，仍销售给他人食用，侵犯消费者的生命、健康权，其行为均已触犯刑律，构成销售不符合安全标准的食品罪，应予刑罚。公诉机关指控被告人樊某某、李某某的犯罪事实清楚，证据确实充分，罪名成立。

关于被告人樊某某、李某某的辩护人所持二被告人主观上没有工业盐冒充食盐销售的意愿，客观方面没有达到足以造成其他严重食源性疾病的标准，食物中如果缺乏碘会可能造成碘缺乏病，但碘缺乏病却并不属于食源性疾病，二被告人无罪的辩护意见，经查，由庭审质证核实的证人证言及二被告人的供述能够相互印证，二被告人将工业盐作为食盐销售的故意明显，武威市疾病预防控制中心证明本市凉州区属于缺碘地区，长期食用非碘盐和工业盐会造成人体缺碘，从而引起碘缺乏病，人体长期缺碘会对人体造成危害，故碘缺乏病属于食源性疾病，故二被告人的辩护意见不能成立，不予采信。

关于被告人樊某某、李某某的辩护人所持甘肃省盐产品质量监督检验站并不属于省级以上卫生行政部门确定的机构，其检验报告不能作为定案的依据，证据不足的辩护意见，经查，最高人民法院、最高人民检察院《关于办理危害食品安全刑事案件适用法律若干问题的解释》并未规定食品须经省级卫生行政部门鉴定，且甘肃省盐产品质量监督检验站是经省级质量技术监督部门认可具有盐产品检验资质，其作出的检验报告合法有效，应作为定案依据，故辩护人的检验报告不能作为定案的依据，证据不足的辩护意见，不予支持。

关于被告人樊某某的辩护人辩称指控被告人樊某某销售盐产品的数量及金额有误，本案事实不清的辩护意见，经查由庭审质证核实的被害人的陈述、辨认笔录、提取笔录及二被告人的供述，能够相互印证，形成完整的证据链条，足以证实被告人樊某某销售盐产品的数量及金额，故该辩护意见不能成立，不予采信。

鉴于二被告人归案后能如实供述犯罪事实，认罪态度好，具有悔罪表现，可对二被告人酌情从轻处罚。根据二被告人的犯罪情节和悔罪表现，可对其适用缓刑，应当同时宣告禁止令。依照《中华人民共和国刑法》第一百四十三条、第二十五条、第六十四条、第七十二条第一款、第七十三条第二款、第三款和最高人民法院、最高人民检察院《关于办理危害食品安全刑事案件适用法律若干问题的解释》第一条第（三）项、第十七条、第十八条之规定，判决如下："一、被告人樊某某犯销售不符合安全标准的食品罪，判处有期徒刑一年六个月，缓刑两年，并处罚金16 000元（缓刑考验期从判决确定之日起计算）。二、被告人李某某犯销售不符合安全标准的食品罪，判处有期徒刑一年六个月，缓刑两年，并处罚金16 000元（缓刑考验期从判决确定之日起计算）。三、禁止被告人樊某某、李某某在缓刑考验期间内从事食品生产、销售及相关活动。四、随案移送的作案工具甘HC1169江铃厢式货车一辆，依法没收，上缴国库"。

（3）案件分析

食品安全标准是强制性标准，是保证食品安全、保障公众身体健康的重要措施，是实现食品安全科学管理、强化各环节监管的重要基础，也是规范食品生产经营、促进食品行业健康发展的技术保障。食品安全标准关系人民群众身体健康和生命安全，生产经营者必须严格执行，禁止生产不符合食品安全的食品，否则应承担相应的法律责任。

本案中，经甘肃省盐产品质量监督检验站鉴定，樊某某、李某某向被害人销售的工业盐、皮革防腐剂符合《工业盐》（GB 5462—2003）标准要求，为合格工业盐，碘含量指标不符合《食品安全国家标准　食用盐碘含量》（GB 26878—2011）标准要求，白度、粒度指标不符合《食用盐》（GB 5461—2000）标准要求，不符合食用标准，严禁食用。樊某某、李某某的涉案行为构成生产、销售不符合安全标准食品罪。

对于此罪的量刑依据，最高人民法院、最高人民检察院《关于办理危害食品安全刑事案件适用法律若干问题的解释》第一条至第四条对生产、销售不符合安全标准食品罪进行了细化规定。

关于本案的量刑依据，首先樊某某、李某某销售工业盐、皮革防腐剂符合"属于国家为防控疾病等特殊需要明令禁止生产、销售"的情形，属于"足以造成严重食物中毒事故或者其他严重食源性疾病"；其次，樊某某、李某某向被害人销售的工业盐、皮革防腐剂总计10.3吨，销售价值15 725元，不符合"对人体健康造成严重危害""其他严重情节"以及"后果特别严重"的情形。因此，应判处三年以下有期徒刑或者拘役，并处或者单处销售金额百分之五十以上两倍以下罚金。法院最终判决被告人樊某某和李某某分别犯销售不符合安全标准的食品罪，判处有期徒刑一年六个月，缓刑两年，并处罚金 16 000 元（缓刑考验期从判决确定之日起计算）。法院判决适用法律正确，量刑适当，审判程序合法。

2. 周某诉北京市食品药品监督管理局经济技术开发区分局其他一案

2015 年 12 月 21 日，北京师大兴区人民法院对"周某诉北京市食品药品监督管理局经济技术开发区分局其他一案"做出一审行政判决。

（1）案件事实

原告周某 2015 年 5 月 2 日向被告开发区食药局举报称其于 2015 年 4 月 15 日、4 月 25 日在沃尔玛（北京）商业零售有限公司（山姆会员亦庄店）处购买的"科尔沁风干牛肉"不符合国家食品安全标准，违法添加"亚硝酸钠"。原告周某要求被告开发区食品药品监督管理局在法定期限内书面告知立案（或者不予立案）的决定、处罚结果并依法对其奖励。2015 年 5 月 4 日，被告开发区食药监局做出《举报受理告知书》并于当日通过邮寄方式向原告周某书面送达。2015 年 5 月 6 日，被告开发区食药监局至沃尔玛（北京）商业零售有限公司亦庄山姆会员商店进行现场检查并要求经营企业提供产品的相关资质及情况说明。2015 年 5 月 27 日，被告开发区食药监局向涉案产品生产厂商所在地的通辽市食品药品监督管理局发出《关于协查科尔沁风干牛肉有关情况的函》，请求通辽市食品药品监督管理局协查相关情况。2015 年 6 月 2 日，内蒙古科尔沁牛业股份有限公司肉制品分公司出具《关于配料表中亚硝酸钠一事说明》，称其产品风干牛肉属于酱卤肉制品，产品中添加的亚硝酸钠符合《食品安全国家标准 食品添加剂使用标准》（GB 2760—2011）的规定。该书面说明附有通辽市质量技术监督局检验报告单一份，检验结果符合标准。2015 年 6 月 4 日，被告开发区食药监局向原告周某做出《关于举报情况的答复》并书面送达原告，告知原告周某其举报的产品属于酱卤肉制品，符合《食品安全国家标准 食品添加剂使用标准》（GB 2760—2011）规定的食品安全标准，已向内蒙古科尔沁牛业股份有限公司肉制品分公司所在地通辽市食品药品监督管理局进行协查，主要协查生产企业生产相关产品执行标准备案情况。2015 年 6 月 18 日，通辽市食品药品监管局稽查局做出《关于对投诉举报内蒙古科尔沁牛业股份有限公司肉制品分公司生产的风干牛肉涉嫌非法添加亚硝酸钠等有关问题的答复》，称"涉案产品执行地方标准《内蒙古自治区地方标准风干牛肉》（DB 15/432—

2006），风干牛肉与肉干的生产工艺、属性均不同，风干牛肉中按规定量添加亚硝酸盐符合《食品安全国家标准　食品添加剂使用标准》（GB 2760—2014）的相关规定"。被告开发区食药局于2015年6月26日做出《不予立案审批表》，于2015年7月1日做出《关于举报情况的告知函》，告知原告周某对其举报不予立案，并于2015年7月2日向原告周某邮寄送达。

原告诉称：《风干牛肉》（DB 15/432—2006）标准，标准第1页"2.规范性引用文件……凡是不注日期的引用文件，其最新版本适用本标准"，证明依据该标准组织生产的产品，食品添加剂的使用必须符合《食品安全国家标准　食品添加剂使用标准》（GB 2760—2011）规定；标准"4.1烘烤风干牛肉"的定义证明，原告所举报的科尔沁风干牛肉属于肉干类；标准"5.1.3食品添加剂应符合相应的标准和有关规定，允许使用范围和使用量应符合GB2760规定"，证明依据该标准组织生产的风干牛肉干，食品添加剂的使用必须符合《食品安全国家标准　食品添加剂使用标准》（GB 2760—2011）规定。《食品安全国家标准　食品添加剂使用标准》（GB 2760—2011）标准第2页"4食品分类系统食品分类系统用于界定食品添加剂的使用范围，只适用于本标准"，证明食品分类系统用于界定食品添加剂的使用范围，只适用于本标准；标准178页、182页、183页之间相互证明科尔沁风干牛肉干，属于"食品分类号08.03.07熟肉干制品"下"食品分类号08.03.07.02肉干类"；标准77页、78页证明"亚硝酸钠"的使用范围中没有"食品分类号08.03.07熟肉干制品"下"食品分类号08.03.07.02肉干类"，原告所举报的科尔沁风干牛肉真实客观地存在滥用食品添加剂亚硝酸钠的违法事实。原告因此对被告开发区食药局做出的不予立案结果不服，诉至本院。

（2）审判过程

依据国务院食安办〔2013〕13号《国务院食品安全办国家工商总局国家质检总局国家食品药品监管总局关于进一步做好机构改革期间食品和化妆品监管工作的通知》《北京市人民政府办公厅关于印发北京市食品药品监督管理局主要职责内设机构和人员编制规定的通知》等有关文件规定，目前我市流通环节的食品安全监管职责由北京市食品药品监督管理局承担。依据上述规定，被告开发区食药局负有对本辖区内的流通环节的食品安全进行监督管理的法定职责。

本案中，针对原告周某举报的科尔沁风干牛肉涉嫌违法添加亚硝酸钠的举报，被告开发区食药局依照《食品药品投诉举报管理办法（试行）》的规定受理后，向涉案产品的销售企业、生产企业及其所在地食品药品监督管理部门进行调查取证，根据调查结果认为涉案产品按规定量添加亚硝酸盐符合地方标准，并决定不予立案符合上述法律规定。综上，对原告周某要求撤销被诉不予立案决定并责令被告开发区食药局对其举报事项重新做出处理的诉讼请求，本院不予支持。依照《中华人民共和国行政诉讼法》第六十九条之规定，判决如下："驳回原告周某的全部诉讼请求。"

（3）案件分析

通辽市食品药品监管局稽查局做出《关于对投诉举报内蒙古科尔沁牛业股份有限公司肉制品分公司生产的风干牛肉涉嫌非法添加亚硝酸钠等有关问题的答复》，称"涉案产品执行地方标准《内蒙古自治区地方标准风干牛肉》（DB 15/432—2006），风干牛肉与肉干的生产工艺、属性均不同，风干牛肉中按规定量添加亚硝酸盐符合《食品安全国家标准 食品添加剂使用标准》（GB 2760—2014）的相关规定"。也就是说，涉案风干牛肉不属于"食品分类号 08.03.07 熟肉干制品"下的"食品分类号 08.03.07.02 肉干类"，因此在没有食品安全国家标准的情况下，适用《内蒙古自治区地方标准风干牛肉》（DB 15/432—2006）的规定。

3. 丛某与哈尔滨市工商行政管理局南岗分局不服投诉处理决定案一审行政判决

2014 年 10 月 30 日，哈尔滨市南岗区人民法院对丛某与哈尔滨市工商行政管理局南岗分局不服投诉处理决定案做出一审行政判决。

（1）案件事实

2014 年 5 月 6 日，原告丛某在第三人处购买了一瓶某品牌麻油，该产品外包装标签部分标注的产品标准为 Q/YSY0002S—2010，生产日期为 2014 年 3 月 12 日。2014 年 5 月 7 日，原告向被告提交实名举报书，举报第三人销售的某品牌麻油产品标准已超过三年有效期，属于不合格商品，要求被告哈尔滨市工商行政管理局南岗分局依法做出处理。2014 年 6 月 13 日，被告做出哈工商南芦投告字（2014）第 1 号投诉事宜处理结果告知书，告知原告：根据《中华人民共和国食品安全法》[①] 第四条、第二十五条、第八十

---

① 注：此处指自 2009 年起施行的《食品安全法》。

七条规定，被告工商行政管理机关对于企业食品安全标准备案是否合法、是否有效无权进行评价，对此类违法行为也无监督管辖的法定职权，请原告自行决定是否向具有监督管辖职权的行政机关投诉。投诉事宜处理结果告知书于 2014 年 6 月 17 日送达原告。原告丛某不服被告哈尔滨市工商行政管理局南岗分局对消费者投诉不予立案一案，向法院提起行政诉讼。

　　原告诉称，原告在第三人处购买某品牌麻油，使用时发现生产日期为 2014 年 3 月 12 日，而产品标准号为 Q/YSY0002S—2010。根据《食品安全企业标准备案办法》第十六条、《黑龙江省标准化条例》第二十八条规定，禁止无标准生产。根据《中华人民共和国标准化法实施条例》第三十三条、《中华人民共和国食品安全法》第二十八条、第四十二条规定，该产品属于不合格、禁止销售的食品，存在严重质量问题。被告以对食品安全企业标准备案问题无权进行评价为由，拒不受理原告的举报，同时致使违法生产者、销售者免予法律制裁。根据《消费者权益保护法》及相关法律规定，消费者购买假货、劣货应当向被告投诉。被告包庇违法商家和厂家，滥用职权不作为。根据《流通环节食品安全监督管理办法》第四条规定，工商行政管理机关依照法律、法规和国务院规定的职责以及本办法的规定，对流通环节食品安全进行监督管理。综上，请求依法撤销被告做出的哈工商南芦投告字〔2014〕第 1 号投诉事宜处理结果告知书，责令被告重新做出具体行政行为。

　　被告辩称，《中华人民共和国食品安全法》第四条第三款规定，工商行政管理部门对食品流通活动实施监督管理，原告举报事项属于生产环节，被告无监管职权。第二十五条规定，食品安全企业标准应当报省级卫生行政部门备案，工商部门无监督管辖职权，也无权对备案的合法性和有效性进行评价。第八十七条对制定食品安全企业标准未依法备案设定了法律责任，有三方面含义：一是未依法备案行为当事人是食品生产企业，不属于流通环节，工商部门对此无监管职权；二是工商部门并非食品安全企业标准备案的职能部门，对此无监管职权；三是对未依法备案行为的处理或者处罚种类，没有关于问题食品的处理措施，对于已经进入流通领域的此类食品，没有禁止销售或者采取其他方式处理的法定依据，该违法行为并不涉及食品质量或者安全问题，工商部门没有对相关企业进行处罚的法定依据。《食品安全企业标准备案办法》第二条规定，食品生产企业制定企业标准，应当在组织生产之前向省、自治区、直辖市卫生行政部门备案，工商部门对此没有法定职权。

第十七条第二款规定，备案的企业标准有效期届满、但企业未办理延续备案手续的，原备案的卫生行政部门应当通知企业在规定的期限内办理相关手续；企业在规定的期限内仍未办理的，原备案的卫生行政部门应当注销备案。因此，企业标准备案有效期届满，并非一定会导致原备案无效，只有原备案的卫生行政部门才有权对食品安全企业标准备案的合法性、有效性进行评价，工商部门无此职权。涉案食品已经标明产品标准代号，工商部门无权因当事人未办理延续备案手续而认定其违反《中华人民共和国食品安全法》第四十二条规定。《黑龙江省标准化条例》第二十八条规定的情形属于生产环节，工商部门对此无法定职权。综上，被告对原告的投诉事项无监督管辖职权，所做的不予立案决定正确，请求依法驳回原告的诉讼请求。

（2）审判过程

法院认为，《黑龙江省标准化条例》第十四条规定，企业标准应当定期复审，复审周期不得超过3年。到期不复审，该项企业标准即行废止。原告购买的某品牌麻油企业标准超过3年有效期限，属于不符合食品安全标准的食品。被告作为工商行政管理部门负责本行政区域内流通环节食品安全监督管理工作，该产品已经进入流通领域，故被告对原告的举报应当依法立案处理。综上，被告所作投诉事宜处理结果告知书适用法律错误，根据《中华人民共和国行政诉讼法》第五十四条第（二）项第2目之规定，判决如下："撤销哈尔滨市工商行政管理局南岗分局2014年6月13日做出的哈工商南芦投告字〔2014〕第1号投诉事宜处理结果告知书；责令哈尔滨市工商行政管理局南岗分局在本判决生效后60日内重新做出具体行政行为。"

（3）案件分析

新修订的《食品安全法》第五条第二款规定："国务院食品药品监督管理部门依照本法和国务院规定的职责，对食品生产经营活动实施监督管理。"2013年《国务院机构改革和职能转变方案》对原有食品安全管理体制做出了重大调整，将原来由质量监督、工商行政和食品药品监督管理三个部门分别对食品生产、销售和餐饮服务进行分段监管，调整为由食品药品监督管理部门负责对食品生产、销售和餐饮服务进行统一监督管理。因此，机构改革后，将不会出现本案中工商行政部门认为其对食品生产环节不具备管辖权的情况。新的体制调整有利于解决分段监管体制下造成的监管责任不清、互相推诿、扯皮等问题，真正做到全链条无缝监管。

关于企业标准的复审问题，《黑龙江省标准化条例》第十四条规定，企业标准应当定期复审，复审周期不得超过 3 年，到期不复审，该项企业标准即行废止。《食品安全企业标准备案办法》第十六条明确规定："企业标准备案有效期为三年。有效期届满需要延续备案的，企业应当对备案的企业标准进行复审，并填写企业标准延续备案表，到原备案的卫生行政部门办理延续备案手续。"涉案某品牌麻油的企业标准超过 3 年有效期限未延续备案，因此，涉案某品牌麻油属于不符合食品安全标准的食品。

# 第三节　食品召回制度

要控制食品安全的风险，不安全食品的召回制度尤为重要。召回不安全食品会大大增加食品生产经营者的成本，但是，由于食品直接关系到消费者的生命健康。根据不安全食品召回制度的有关规定，食品生产经营者应当及时且全面地将不安全的食品予以召回，并由其承担损失，这种作用能有效避免社会资源的浪费，维护社会发展的稳定。同时，食品生产经营者一旦积极主动地召回了不安全食品，就能有效制止不安全食品所导致的损害或是防止损害进一步扩大，不但能够避免大规模法律纠纷，而且还能让食品生产经营者承担应承担的责任，可以及时消除或减少不安全食品的潜在危险，避免因不安全食品而造成更大的损失，降低食品交易的风险[91]。

## 一、食品召回制度的原则

食品召回制度指的是食品生产者按照规定程序，对由其生产原因造成的某一批次或类别的不安全食品，通过换货、退货、补充或修正消费说明等方式，及时消除或减少食品安全危害的活动。食品召回制度应该符合以下原则。

1. 安全原则

民以食为天，食品对人类的重要性不言而喻，而食品安全更是人们生活最基本、最重要的需求。层出不穷的食品安全事件已经大大引起了群众的恐慌，因此必须召回不安全的食品，这也是食品召回制度存在的基础价值。《食品召回管理规定》第三条定义了不安全食品的范围。

2. 预防原则

近年来，食品安全危机事件的频发使得大量消费者受害，镉大米事件、塑化剂事件、地沟油事件、毒生姜事件、福喜事件等，即使在事发后，这些不法企业对受害者进行了赔偿，但由于食品消费的特殊性，一旦吃下去就会造成损害后果，且不可逆转。因此，对于消费者而言，这些损害很难甚至无法得到真正合理的补偿。等到发生了食品安全事故，再想到对消费者进行补偿，并不能从根本上解决问题，而实施食品召回制度，则能够防患于未然，力争产品在离开生产线消费者食用前就能被召回，能够真正做到尽量减少不安全食品造成重大事故。

3. 及时原则

近年来，我国的经济中高速发展，而作为重要产业之一的食品工业更是取得了令人瞩目的成就。经济的持续快速健康发展带给我国食品工业的，除了飞速增长的经济效益，还使污染机会有所增加。因此，食品召回制度的实施就要求在发生食品安全危险时，食品生产企业和监管部门必须做出快速反应，尽可能及时消除危险因素，避免食品安全危害的发生。

4. 监管原则

食品安全事件层出不穷，暴露出了食品安全监管方面的严重缺失。只有事件造成了严重的危害后果才能引起有关部门的重视，再被动地进行调查处理。消费者和生产者之间的信息不对称使得消费者很难靠自己的已有知识和观察去判断食品的质量如何，安全性又如何。依靠政府对食品市场的调节就显得尤为重要，包括如何解决信息不对称造成的不平等问题，以及如何避免生产经营厂商控制市场信息。而食品召回制度则能够一定程度限制食品生产经营企业对消费者隐瞒欺骗食品信息，从而起到平衡信息不对称的作用。

这四个食品召回制度的原则是相互作用、相辅相成的。其中，安全原则是食品召回制度中最主要、最重要的原则，保障食品安全是食品召回制度的根本目的。预防原则体现出了食品召回制度与其他食品安全监管制度、措施的重要区别，体现出了未雨绸缪、防患于未然的思想。及时原则的目的是保障预防原则，只有对食品安全危险做出快速且及时的反应，才能够真正预防食品安全事故的发生。食品的召回制度是在政府监管下进行的，因此，安全原则、预防原则、及时原则都要依靠政府监管原则。

## 二、现状及不足

食品安全风险对整个社会造成了巨大的损失，对生命的存续构成了现实的威胁，对于防控风险的食品召回制度，我国还处于摸索阶段。主要存在以下不足。

1. 召回主体范围规定过窄

根据《食品召回管理规定》第四条及《食品安全法》第五十三条的规定。虽然食品经销商具有停止经营该商品并报告的权利，但是却没有规定经销商的责任，且经销商在报告生产者和通知消费者的过程中，若不及时很有可能耽误最好的时机，造成的社会危害会扩大。

2. 食品信息透明度差，缺乏食品安全信息的披露制度

食品安全信息是消费者获取安全食品较便捷的途径，但《食品召回管理规定》并没有关于食品安全信息披露的规定。《食品安全法》虽已经明确了食品安全信息的披露规范，但是却未对监督机构进行规定，没有有效的监管，效果必难尽如人意。由于食品制作的工艺较为复杂，专业性较强，政府缺少相应的监督机制，难以判断信息的真实度。如何平衡信息不对称等消费者密切关注的问题应成为有关部门日后制定规范的重点。

3. 食品召回的标准宽泛，操作性不强

《食品召回管理规定》第三条中对不安全食品的定义及解释过于含糊，难以界定，相对应的细则也未出台，使得不安全食品召回的实施变得困难，形同虚设。

4. 缺少完善的监控体系

《食品安全法》第四条从法律上保证了食品安全工作由高层次的议事协调机构——食品安全委员会负责协调和指导。同时，该法条还规定了各有关部门的职责范围，避免了一个范围由几个部门监管，最终导致没有部门监管的现象。但是，由于对于职责的具体规定不明确，导致了各个部门谁也没有管到位的尴尬局面。且《食品安全法》的规定过于笼统、硬性，而实际产品流通各个过程的界限并非明显清晰，有很多模糊的灰色地带难以界定属于哪个部门监管，导致责任不够明晰，一旦出现问题，各部门仍难以避免互相推脱的情况。

5. 监管模式过分依赖行政划分，难以深入监管

《食品召回管理规定》第五条规定了对食品安全监督管理的两级划分，这使得各级政府部门的权责更加明确，但是由于只是在原有行政划分上建立，很难做到深入监管。以食品科学为基础建立的监管模式则会更加专业、更有针对性，而仅由政府综合管理部门进行监督管理，难免会导致监督管理不深入且混乱。

6. 赔偿责任过轻

《中华人民共和国食品安全法》突破了目前我国民事损害赔偿的界限，确立了惩罚性的赔偿制度，消费者对于不符合食品安全标准的食品，除有权要求赔偿损失外，还可以向生产者或者销售者要求支付价款十倍的赔偿金。这一惩罚性赔偿制度的确立，既有利于提高消费者维护自身权益的积极性，还能够加大食品生产者销售不合格产品的经营成本。此规定是我国食品安全风险控制进程中一个很大的进步，但距离真正意义上的惩罚性赔偿制度，还有较大的距离，需要进一步完善。惩罚性赔偿制度是一种集补偿、惩罚、遏制等功能于一身的制度，需要法庭判决的赔偿数额远远超出消费者的实际受损数额。

7. 不具备完善的产品追溯系统

只有建立起完善的产品追溯系统，才能帮助我们在第一时间找到食品安全问题的症结。一旦发现食品安全问题，就能立刻找到问题根源，极大提高食品召回的效率和效力。

《食品召回管理规定》的第八条和第九条对于建立食品追溯系统有了初步的构建。在我国，国家质检总局和地方各级质监部门等国家行政部门的职责在于搜集和整理召回信息，但是公权力介入的时间往往是在食品安全事件爆发之后，且其介入的作用也仅仅是作信息记录和适当惩戒，效果较为消极。对于《食品召回管理规定》第八条的规定，国家没有设置相关的监督机构，而对于第九条的要求，生产厂商发现食品安全危害信息后，应自己上报国家，政府部门不仅没有积极的监督措施，也没有就生产厂商的这一义务设定相关的法律责任。要知道，由于人几乎都是利己的，很难想象生产者会完整记录自己的过失还做到上报。而监督机制的缺乏更使得该项规定只停留在制度层面，实施难度大。况且，我国大多数企业都是中小型企业，本身不具备记录追踪产品来源去向、完备产品信息的能力。加上我国是农业大国，农

产品加工业更加不可能做到产业化、规模化。因此我国很难建立起完善的食品追溯体制，虽然《食品召回管理规定》做出了理想的假设，可是一旦发生问题，还是很难追溯到问题的源头。

### 三、完善必要性

1. 迅速处理食品安全危机的需要

只有拥有了不安全食品召回体系和完备的产品追溯系统才能在发生食品安全事件和危机的时候，既准确又迅速地找到出问题的环节，提高工作效率和针对性，第一时间就能处理和解决问题，防止危害不断扩大，减少消费者乃至整个社会不必要的损失。

2. 保护消费者正当权益的需要

人权中生命权和健康权是人类最基本的权利，整个国家和社会都有义务维护公民的这种权利。消费者权益是人权的一个具体体现，更是不容忽视。食品的安全性关系到消费者的安全权与知情权，这关乎着消费者最基本的权利。按照我国目前的法律规定，只有食品安全事件发生后，也就是说，在某一食品对消费者造成伤害后，才会启动解决该食品存在安全的问题的程序。而如果建立起了不安全食品召回制度，只要生产经营商发现批量产品均存在质量问题，已经或者有可能对消费者造成人身伤害和经济损失，就有义务将这些不安全产品召回，从而避免更进一步损害消费者权益。

3. 规范企业健康发展的需要，提高生产商的信誉

全社会应打击只顾发展自身，完全不顾公共利益的企业，杜绝为了牟取巨额的利益而生产对消费者安全有害食品的行为，为良心企业的发展创造一个健康和谐的环境。同时，企业应该勇敢承担起自身的责任，将不安全的食品实行召回，为自己树立起奉公守法的良好形象，这同样有利于企业的健康良性发展。

4. 避免公信力缺失，维护公共安全的需要

维护消费者的权益是国家政府应该尽到的责任，对于食品市场的不规范行为甚至是危害安全的行为，政府应该采取干预措施。尽管目前我国已经建立并开始实施了以食品安全作为重点的市场准入制度，但是收效并不大。因此，建立更为完善食品召回制度，也成了政府作为公共管理机构日后应尽的职责。

### 四、完善路径

推行不安全食品召回制度意义很大：通过约束机制，能够有效地抑制生产经营企业的侥幸行为，通过制度的形式向消费者做出质量和安全承诺，消除由于双方信息不对称而产生的不信任，形成对整个食品市场行为确定性的预期，以此降低交易的成本，增加食品的生产和消费，提高食品市场的整体效益。而要有效推行不安全食品的召回制度，必须要建立完善的食品召回法律体系，由于现有的《食品召回管理规定》地位尴尬，难以落实，我国必须就设立不安全食品召回的法律法规方面做出完善。首先，应进一步修改完善现行的《食品召回管理规定》，将其上升为由国务院颁布的《食品召回管理条例》，增加其权威性。其次，原国家食品药品监督管理总局也发布了《食品召回和停止经营监督管理办法（征求意见稿）》，以期通过部门规章的方式来完善不安全食品的召回制度。该办法中提出，"鉴于不安全食品召回对预防食品安全事件发生的重要性以及不安全食品召回本身的复杂性，应当在《食品安全法》的修改中，设置专门章节详细规定不安全食品的认定、召回的具体程序以及食品安全监管机构和食品生产经营者在不安全食品召回中的法律责任。"

在不安全食品召回的具体实施过程中，由于成本等原因，我国的食品生产经营者并未像国外的生产经营者那样较好地实施自愿召回方式。但是从长远来看，食品生产经营企业主动召回不安全的食品，不但能够简化可能发生的复杂且麻烦的经济纠纷，避免可能发生的更大金额的赔偿，而且还能赢得消费者的信赖，维护企业的良好形象，相当于达到了广告效应。因此，要完善我国的食品召回制度，应把重点放在对生产经营者的鼓励和引导上，激发食品生产经营者的主观能动性，主动召回不安全食品，还可以采取一定的免责措施，比如，对于主动召回不安全食品的企业，并且此次事件没有造成不良后果或者是尚未危及消费者人身安全的，可以一定程度上免予处罚。但另一方面，由于不安全食品召回制度的核心在于保护消费者的权利与利益，而整个社会都是消费者，因而消费者权利在整体上已经变成"社会权利"而非"私人权利"，消费者利益在整体上已经是"社会公共利益"而非纯粹的"私人利益"，其广泛性和重要性不言自明。因此，为了保障消费者的权益，需要有效实施不安全食品召回制度，对那些拒不召回不安全食品的食品生产经营企业，司法机关在立法确定其法律责任时，应采取计算不安全食品的社会后果而实施相应的惩戒，同时，又必须克服不确定性处罚的弊端，从而既能推动食品企业自愿召回的实施，又有效地处罚了不遵守相关法律法规的食品生产经营者，从而确保不安全食品召回的实施效果达到最大化。

　　不安全食品被召回后究竟该如何处置也应当成为食品召回制度法律法规中的重要内容。不安全食品召回后一旦处置不当，甚至是"改头换面"后重新进入市场，不仅对社会危害很大，而且食品召回制度的效用也将大大减小，这会严重损害广大消费者和守法企业的利益。然而，我国《食品安全法》的相关规定较为笼统，难以认定在具体召回实践中，究竟哪种措施应当乃至必须被启用。

　　试想一下，如果食品生产经营者销售不安全食品却只用承担很小的违反法律责任的风险，还能够获得高额的利润，那么，消费者受到侵害的结果将是既定的，不可避免的。为此，在食品追溯制度方面，建立统一的数据库显得尤为重要，该数据库应该包括识别系统和代码系统，库中应详细记载生产链中被监控对象移动的轨迹，从而起到监测食品的生产和销售状况的目的。一旦涉及含有某种标识的商品，生产经营者能够很容易就确定。但是，即使能够迅速地确定标识，也依旧很难对其采取有效追溯，这是因为目前我国仍缺乏要求全程追踪食品流通的法律法规。尽管提高可追溯性并不能直接对食品安全起到积极作用，但是，可追溯性可以间接地对食品安全发挥作用，这是由于可追溯性能够快速确定食品安全问题的根源，有效减少食品安全问题来源不明的现象，并保障不安全食品能够充分且有效地召回。简言之，就是可追溯性能够迅速准确地确定已经发生的食品安全事件的根源是什么，从而有效地将不安全食品从市场中驱逐。

# 第五章　食品安全风险预警

食品安全风险预警指的是通过对食品安全相关信息的收集、评估及通报，使得对有可能发生的食品安全隐患能做到早发现、早通报、早控制。有效的食品安全风险预警系统不仅能够防止对消费者健康的损害，避免食品安全事故的发生，还能够提高有关部门在食品安全监督管理过程中的针对性，增加食品安全信息的透明度，增强消费者对生产经营企业及监管系统的信任，促进食品的消费，保障整个食品行业的健康良性发展，防范可能存在的食品安全隐患，从而使得全社会的食品安全得到应有的保障。本章将对风险预警体系进行详细的介绍。

# 第一节　风险预警体系

新修订的《食品安全法》规定了对待食品安全，我国应当实行"预防为主、风险管理、全程控制、社会共治"的基本原则，将建立科学、严格的监管制度作为着力点和落脚点。在食品安全的监管工作中，如何将事前预防、事中监控、事后处置有机结合起来，科学有效地防范和控制食品安全风险，不断提高食品安全治理能力和水平是当前我国急需解决的重要问题。

把风险预警的理念纳入食品安全中的意义重大：第一，风险预警的理念更加体现出了实施食品安全监管的目的在于保护公众的健康；第二，风险预警同时也对于食品生产经营企业和消费者在提前预防可以预见的危害方面有利；第三，把实施风险预警作为目标，能够更好地实现各个部门之间监管信息的综合分析能力以及综合利用能力；第四，还有利于提高对于食品安全监管的针对性，和投入大量的资源来开展常规的指标检测相比，风险预警在食品安全管理中是更为经济有效的方法[92]。

## 一、风险预警信息

在市场机制利益的驱使下，食品生产经营者没有动机确保食品安全，也没有动力全面真实披露食品安全信息，市场上也没有机构能够扮演充分监督食品安全的角色，而消费者自身缺乏获取食品安全信息的适当通道。因此，为实现食品安全监管机构、食品生产经营者和消费者之间的有效沟通，尤其是昭示食品安全风险，预防食品安全风险的预警信息就显得尤为重要。

《食品安全法》第八十二条将食品安全信息界定为国家食品安全总体情况、食品安全风险评估信息和食品安全风险警示信息、重大食品安全事故及其处理信息以及其他重要的食品安全信息和国务院确定的需要统一公布的信息。而食品安全风险预警信息则是指与风险预警对象和范围相关的检验检疫信息以及监测、商场调查、监督管理信息[93]。

1. 风险预警信息的收集

对于食品安全风险预警的信息收集，其主要内容包括以下两方面：① 收集国内外已经发生了的食物中毒或是其他食源性疾病的信息，然后建立食源性疾病数据库；② 对新出现的食品污染物种类、新型食源性疾病的致病因素以及食品加工方式的变化对致病因素的影响进行评估，继而发布食源性致病因素预警信息等。

在我国乃至全世界，食品生产经营企业都处于信息的强势地位，而消费者处于弱势地位。这些食品生产经营企业缺少主动报告信息的动力，部分企业拥有动力却缺乏信息报告的途径。根据我国《食品安全法》的规定，农业行政部门、质量监督部门、工商行政管理部门、食品安全监督管理部门和出入境检验检疫部门等都应该起到主要信息收集主体的作用。然而，即使我国投入大量的人力物力财力，也很难保障相关食品安全信息能具有全面性，这是由于我国长期以来在食品安全上都采取"分段监管"模式，这种模式限制了相关监管部门在收集信息方面的能力或渠道。同时，相关的法律仅仅规定了要将"获知"的信息进行上报或公布处理，但是，却没有规定具体如何操作、如何获知，更没有规定某个具体部门承担某类具体食品安全信息收集之职责，这很大程度上导致了相关部门严重缺乏收集信息的主动性。而且，相关部门即使获知了信息，这些信息也往往非常滞后，甚至有时候食品安全事故已经发生，获知的只是这些已整理好的信息，实在难以发挥有效的前预防作用。

食品本身具有和其他产品不同的特性，这就决定了食品安全相关信息来源方式势必具有复杂性，作为应对措施，日本就建立了一整套收集食品企业、学界、专家、消费者团体、外国机构归国际组织等信息的体系，简化了食品安全信息的收集工作。随着我国食品安全监管体制的日趋完善，由各级食品安全监督管理部门来负责收集和汇总源自下属监管部门、各大食品生产经营企业以及普通民众的食品安全信息，既保障了整个社会食品安全信息的顺利收集，又避免了各食品安全信息的冲突。同时，政府有关食品安全监管部门应尽到收集和报告职责范围内的食品安全信息的义务和职责。而那些食品生产经营企业，依靠完善的食品生产和流通过程的信息报告，不仅可以赢得公众的信任，免费起到广告推广的作用，而且其作为食品安全的第一义务人，更应该尽到披露其安全信息的义务。

2. 风险预警信息的发布与处理

2015 年 10 月 1 日开始施行的新《食品安全法》，其中第二十二条规定了国务院食品安全监督管理部门应当会同国务院有关部门，根据食品安全风险评估结果、食品安全监督管理信息，对食品安全状况进行综合分析。对经综合分析表明可能具有较高程度安全风险的食品，国务院食品安全监督管理部门应当及时提出食品安全风险警示，并向社会公布。在我国，各个部门在自己的职责范围内，都是根据各自的依据以及各自拟定的监督标准来发布各自掌握的信息，这关系到发布的食品安全信息的科学性和权威性，而相关信息的接受者却很难依据这些信息做出决策。在现实社会中，我国非常多的食品安全信息都是经由媒体披露后，才得以进入消费者甚至是监管者的视野中，毒生姜、镉大米、硫黄笋都是典型的案例。当初的"三鹿奶粉事件"后，社会掀起一股"豆浆热"，甚至到现在消费者还不敢购买我国生产的婴幼儿奶粉，这在一定程度上说明了消费者无所适从，不知该如何是好，甚至产生了对政府的信任危机。况且，由于我国食品安全长期实行的是分段监管和属地监管，新《食品安全法》确立了新的信息发布网络，规定了食品安全信息的统一与分散公布应该相互协调、中央与地方公布应该相互结合。各级食品安全监管部门在公开公布食品安全信息时一般都采用官方网站、新闻发布会、公报等形式，但是这些公开方式都不具备常态性，对于大部分普通的消费者而言，这些信息的可利用性和实用性都不强，对他们来说，往往是较为重大的食品安全事件和个案才能起到明显的效果。更不用说对于某些不发达地区，或是某些缺少条件的食品消费者群体来说，甚至在受害后，他们往往还是不能及时准确地获得相关食品安全信息。

现代社会的信息化在快速发展，对于食品而言，其流通速度和流通范围可以跨越国界，而食品安全信息对消费者的影响非常广泛，很难限制在特定的区域。从另一方面来说，我国《食品安全法》的影响却仅仅限于特定的区域，没有明确规定在实践中应该由谁进行判断，又按照什么标准进行判断，可操作性较差，难以实施。随着当今世界信息技术的飞速发展，所有政府部门都开始实行电子政务，这是一件好事，然而，各政府部门网站的建设却仅仅局限于本部门，部门间的信息资源共享共建局面很难以有所突破，致使食品安全的信息资源也呈现出离散状态。就食品安全信息实际的效用而言，食品安全信息的公开渠道在很大程度上影响了甚至是决定了食品安全信息公布的效果[94]。

对于我国来说，建立统一且权威的发布平台是完善食品安全信息发布的重中之重，而最合适的选择，莫过于由原国家食品药品监督管理部门建立的专门的食品安全网站来统一发布相关的食品安全信息。这是因为，在我国形成统一的食品安全体制后，原国家食品药品监督管理总局就承担起了食品安全监管的主要职能，而农业行政部门、国家卫生部门和计划生育委员会等监管部门所获得的食品安全信息都可以很便利地通报给原国家食品药品监督管理总局，然后经原国家食品药品监督管理总局将信息整合分析后再统一发布给公众。这一做法更有利于维护发布的食品安全信息的权威性，从而增强消费者对政府的信任。《食品安全法（修订草案）》已经对此予以规定，即国务院食品安全监督管理部门建立统一食品安全信息平台，依法公布食品安全信息，在未来的实践中，促进其他监管机构将监管工作中的相关食品安全信息共享于食品安全角度管理部门，成为信息发布的重要保障。与此同时，原国家食品药品监督管理总局更应该督促地方食品安全监管部门在其职责范围内也能够及时、客观且全面地发布食品安全信息，及时有效地敦促整改信息发布所存在的缺陷。

3. 食品安全信息的司法规制政府义务履行的司法约束

尽管现行的食品安全相关法律明确规定了食品安全信息必须做到准确、及时、客观，但是，由于各种各样的原因，食品安全信息在从收集到公布过程中可能会存在缺陷，以致最后损害到消费者或是食品生产经营企业的合法权益。但是，《食品安全法》对此仅做了概括性规定。尽管《食品安全法》规定了，"违反本法规定，构成犯罪的，依法追究刑事责任"，但是，就食品安全信息供给中的严重违法行为，我国刑法也没有专门的规定。因此，在我国的行政管理和司法实践中，究竟如何判断有关行政部门是否履行了《食品安全法》规定的职责，是否滥用职权、玩忽职守、徇私舞弊，以及食品生产经营者和消费者如何依据该规定维护自身合法权益，这些在现行的法律中都找不到充分的法律依据。就算赋予行政管理和司法裁判较大的自由裁量权，但当事人无法预测寻求救济的结果，同时，自由裁量权是否会被滥用也不得而知。

对于食品生产经营企业而言，由于食品安全信息的供给部门同时承担了食品安全监管的职责，与食品生产经营企业之间构成了监管与被监管关系，所以，食品生产经营企业的自身权益即使因为不当的食品安全信息收集或公开遭受侵犯，也很可能会选择放弃救济。而对于普通消费者来说，对政府食品安全信息的需求和监督则面临着困境。尽管《国家食品药品监督管理总局政府信息公开工作办法》中明确规定，公开办（即原国家食品药品监督管理总局政务公开领导小组办公室）负责受理公民、法人或者其他组织以适当形式向国家局（即原国家食品药品监督管理总局）提交的获取政府信息的申请，但以"铁酱油"为例，在铁强化酱油上市前的审核过程中，卫生部最终以不属于卫生部的职能范围、专家名单和实验数据信息不属于政府信息公开范围的理由而拒绝其公开相关信息的申请。而依据现行的行政复议法、行政诉讼法的相关规定，潜在的消费者乃至一般公众在申请政府发布食品安全信息被拒绝或者质疑已经发布的食品安全信息时，由于侵犯其合法权益的行为并不是具体的行政行为，而其无法寻求行政复议或获得行政诉讼的通道。而消费者即使是由于对食品安全信息供给的信赖而遭受到经济损失，可能也仅仅会选择以向食品生产经营企业提起民事诉讼的方式寻求赔偿。

除此之外，无论是食品生产经营企业还是消费者，他们在寻求失真食品安全信息的司法解决途径时，都面临着举证难的问题。由于考虑到经营中本身存在的商业风险或是其他因素，食品安全信息带给食品生产经营企业实际造成的损失是难以评估的。同样，这些食品安全信息到底在多大程度上影响了消费者的消费决策，也很难以判断，无法量化。

因此，为了维护广大消费者的合法权益，尤其是为了保障我国《消费者权益保护法》中明确确立的消费者知情权的实现，应当强化食品安全信息供给中有关部门的职责和义务，而且应当通过司法解释明确赋予消费者、潜在消费者乃至社会公众申请行政复议或提起行政诉讼的权利，明确界定食品安全信息不准确、不及时或者不客观的情形，以及基于食品安全信息供给义务的违反应当对消费者承担赔偿责任的范围，才能更好地保障食品安全。

## 二、风险预警体系特性

预警系统指的是运用预警理论以及其他的数据处理工具、预测模型等来完成某一特定预警功能的系统。建立食品安全预警系统的目的是能够降低风险、减小损失并避免食品安全问题的发生，运用相关预警理论和方法，按照预警的一般流程来运行，它也是针对食品安全的特性而建立起来的一整套预警制度和预警管理系统。预警系统的主要功能在于其预防和控制功能[95]。

对于预警系统来说，其预防功能主要是对可能产生的食品安全风险进行预测和预报，使其能够在信息采集和监测的基础之上，再通过数据分析和预警判断来识别食品安全风险，评估食品安全的状况和它的变化趋势，采取不同的预防性措施，用于防止可能会产生的食品安全问题。对于食品安全状态的变化趋势进行预测，就是在监测状态的波动出现超出安全的倾向时，也就是食品可能出现危害征兆时，这个食品安全预警系统就会发出预警信号，及时地启动纠偏程序，将危害征兆消除在萌芽状态，使食品保持在安全的运行状态下。

食品安全预警系统的控制功能则主要体现在对风险的化解上，使其能够对食品安全生产的危害进行有效的控制，尤其是对于突发的食品安全事件，只有采用应急预案方式才能快速且高效地应对和控制。假如说控制指的是已经产生了风险后，要将该风险可能造成的危害降低到最小，那么预防就是在危害尚未形成时对其进行干预。

食品安全预警体系针对的是食品这一研究对象，既具有一般的体系性问题，又包含食品这一特殊的研究对象的特性，以及预警的功能性，因此，食品安全预警体系具有以下的主要特点。

1. 复杂性

食品安全预警体系属于复杂体系，体系的关联元素多，变量也多，而且相互的影响错综复杂，同时，体系涉及的范围广，使时间和空间的尺度增大，问题多为综合性的。

2. 风险性

食品安全预警的内涵涉及自然科学、社会科学和经济管理科学，多学科多领域体系之间互相影响，体系面临着各子体系的风险。由于体系风险之间的累加效应大多尚无确定关系，所以还存在着体系性风险。

3. 模糊性

即存在体系性问题的边界难划分，体系与环境之间"你中有我，我中有你"，许多情况可用精确的数学模型描述。如对于某个研究对象来说，没有绝对的安全与危险，只能相对而言具有一定程度的安全或一定程度的危险。没有清晰定量的边界特性，就使得问题的研究不是追求一个数值解，而可能是一个范围、一段时间或者一种程度的模糊语言的评价和判断。

### 4. 规律性

对于食品安全问题，既存在一定的内在必然性，又存在随机偶然性。我国对主要消费食品中的常见污染物监测和食源性疾病状况及动态变化趋势的研究，实质就是在探究食品安全问题的内在必然性，掌握规律性。食品安全问题中出现的突发偶然事件或意外事件，具有随机性和不确定性，看似时间发生的时间、地点、程度等都好像无法预知，但是对于不确定突发事件的进一步深入分析后我们发现，事件本身依然存在着一定的规律性，一定有预警和一定的征兆，食品安全问题自身存在着必然的内在规律。因此，根据预警信息的变化规律，就能利用规律运行趋势进行安全性的判定。体系本质具有规律性的特点，可以相对精确预警食品安全问题。

## 三、体系的分类

将食品安全风险预警体系分成不同的类型，有利于体现体系的特征，方便和简化体系的结构，准确表达和运行预警功能[97]。

### 1. 农产品风险预警体系

在我国，农产品质量安全预警处于预警体系的建设阶段。根据《中华人民共和国农产品质量安全法》《中华人民共和国食品安全法》的相关要求，各级农业职能部门都正在积极地建设和完善内部的预警体系，努力将预警中强调的风险防控落到实际监管中。

农产品质量安全既是产出来的，也是管出来的。农业农村部在加大绿色防控和科学用药技术推广应用、推行绿色生产方式的同时，不断加大农产品质量安全监管力度，努力增加绿色优质农产品供给。一是开展农药残留专项整治，近年来，农业农村部持续开展农药残留专项整治行动，重点检查生产经营企业，对市场上的农产品加密农药残留抽检，集中处理农药质量和农产品安全隐患。二是建设农产品追溯体系。

（1）农业部相关监测预警计划①

为认真贯彻落实党的十九大、中央农村工作会议、中央 1 号文件和全国

---

① 农业部全面启动实施 2018 年国家农产品质量安全监测计划，中华人民共和国农业部，http：//www.moa.gov.cn/xw/zwdt/201801/t20180122_ 6135417. htm.

农业工作会议精神，围绕实施食品安全战略和乡村振兴战略，全面掌握我国农产品质量安全状况，切实加强农产品质量安全监管，根据《农产品质量安全法》《食品安全法》《农产品质量安全监测管理办法》的规定，农业部印发 2018 年国家农产品质量安全例行监测（风险监测）计划，作为 2018 年农业部"农业质量年"活动的重要措施启动实施。

2018 年国家农产品质量安全例行监测（风险监测）突出"三个重点"。一是突出重点指标。进一步调整完善监测方案，扩大监测范围，重点增加农药和兽用抗生素等影响农产品质量安全水平的监测指标，由 2017 年的 94 项增加到 2018 年的 122 项，增幅达 29.8%，增强监测工作的科学性和针对性。二是突出重点品种。重点抽检蔬菜、水果、茶叶、畜禽产品和水产品等 5 大类老百姓日常消费量大的大宗鲜活农产品，约 110 个品种 4.05 万个样品。三是突出重点范围。抽检范围重点涵盖全国 31 个省（区、市）150 多个大中城市的蔬菜生产基地、生猪屠宰场、水产品运输车或暂养池、农产品批发市场、农贸市场和超市，实施精准监管。

农业部自 2001 年在京津沪深四城市试点启动农产品质量安全例行监测工作以来，经过不断完善，形成了一套比较成熟的例行监测制度，对发现问题隐患、开展风险预警、加强风险防控、组织风险评估和加强执法监管提供了有力的技术支撑，其结果已成为评估我国农产品质量安全状况的主要指标和各级政府部门监管决策的重要依据。2018 年国家农产品质量安全例行监测（风险监测）工作将继续坚持"六项制度"。

一是异地抽检制度，承担例行监测（风险监测）任务的各部级质检机构均不承担所在省（区、市）的抽样检测任务，全部实行异地抽检，确保监测工作的公正性。二是复检制度，统一指定承担复检工作的技术单位，每次例行监测（风险监测）工作结束后，随机选择例行监测（风险监测）任务承担单位开展复检，确保检测结果的准确性。三是能力验证制度，每年组织开展全国农产品质量安全检测技术能力验证工作，要求所有承担农业部农产品质量安全例行监测任务的部级质检机构，必须参加与承担任务相关的能力验证项目，不合格的将取消承担任务资格，确保检测机构规范管理和检测能力。四是会商制度，针对每次例行监测结果，邀请有关专家和一线监管人员进行会商，深入分析监测中发现的重大问题，查找原因，确保监管措施整改到位。五是结果通报制度，及时将每季度国家农产品质量安全例行监测（风险监测）结果通报有关部门和地方农业行政主管部门，针对问题较多的地区，发函督办，确保采取有效措施加强整改。六是监督打击联动制度，根据部省两级农产品质量安全例行监测（风险监测）结果以及日常监管发现的突出问题，督促问题多的地区及时跟进开展监督抽查，加大执法查处力度，严厉打击各种违法违规行为，确保依法处罚的力度。

（2）《"十三五"农业科技发展规划》①

为更好指导"十三五"农业科学技术事业发展，充分发挥科技对加快农业现代化建设、促进农村经济社会发展的重要支撑引领作用，根据《中华人民共和国国民经济和社会发展第十三个五年规划纲要》《"十三五"国家科技创新规划》《国家中长期科学和技术发展规划纲要（2006—2020 年）》《国家创新驱动发展战略纲要》《全国农业现代化规划（2016—2020 年）》，编制了该规划。

该规划中规定了要开展农产品和农业投入品质量安全标准、检测、认证、评估工作科学数据收集、分析和数据库构建；开展农产品产地环境和农产品中重金属、农药兽药及助剂、生物毒素、病原微生物和环境污染物以及潜在危害因子的来源、分布、污染、迁移、传播、转化等信息的调查分析；构建国家农产品品质规格、营养功能等监控评估数据信息网络技术平台及数据库，建立农产品质量安全应急处置、风险预警机制及技术体系。

2. 食品安全风险预警体系

（1）风险预警平台建设②

随着食品安全风险监测评估体系的建设，在食品安全监管体制改革和职能转变的新背景下，2014 年原国家食品药品监督管理总局官方网站设立了食品安全风险预警交流专栏，下设"食品安全风险预警交流""食品安全风险解析""食品安全消费提示"三个子栏目。"食品安全风险预警交流"子栏目中共发布了 25 条信息，主要是关于新食品标准、食品安全事件相关知识的解读；"食品安全消费提示"子栏目主要针对的是特殊时节食品安全风险警示，共发布了 23 条信息。"食品安全风险解析"子栏目则着重对存在的食

---

① 农业部关于印发《"十三五"农业科技发展规划》的通知，中华人民共和国农业部，http：//www. moa. gov. cn/xw/bmdt/201703/t20170310_ 5514395. htm.

② 【食药监局】应宏锋副局长带队调研贵州河北两省食品安全风险预警交流工作，陕西省人民政府，http：//www. shaanxi. gov. cn/sxxw/xwtt/bm/115578. htm.

品安全风险作了解析，共发布 2 条信息。

就贵州而言，为了更好地开展贵州省食品安全风险预警交流工作，贵州省以食品安全大数据积累为基础，通过"食品安全云"，搭建与食品安全预警交流成员单位、各级政府、食品行业协会、食品生产经管者、科研院校技术机构以及媒体公众的信息交流平台，利用科技手段，发挥食品安全预警交流及风险防控作用；打破食品安全监管部门内外联系壁垒，成立贵州省食品安全预警交流工作领导小组，打通与成员单位、各级政府交流渠道，促进责任落实；建立完善统计分析指标体系，建立食品安全风险研判工作机制，打破重统计轻分析研判壁垒，强化风险应对工作，成效显著。

而河北省出台《河北省食品安全风险会商联席会议制度》，建立健全风险会商机制，每季度召开一次食安委成员单位风险防控联席会和新闻发布会，拓宽部门与公众信息交流大通道；组建食品安全专家委员会，引导专家充分利用自身专业技术优势，积极为重大食品安全问题提供政策咨询；连续出版《河北食品药品安全研究报告》，为公众全面深入了解全省食品安全状况提供科学依据。这些好的经验和做法在进一步加强食品安全风险预警及交流工作中都值得其他地方学习借鉴。

（2）风险预警等级管理建设

在 2015 年 10 月 1 日开始实行的新《食品安全法》中，把风险治理的理念贯彻到食品生产经营的全过程，贯彻到食品监督管理的各方面，这次修订完善了过去的风险监测和评估制度，增加了分级制度、交流制度、自查制度、约谈制度。

风险无处不在，无时不有，但是相对来讲它有一定的轻重缓急，所以从监管策略上来讲，它一定是分类监管，分步实施。新《食品安全法》就明确规定，县级以上人民政府食品安全监督管理、质量监督部门根据食品安全风险监测、风险评估结果和食品安全状况，确定食品安全监督管理的重点、方式和频次，实施食品安全风险分级管理。

而且按照这样监管的理念、监管原则，我们国家把食品安全风险分为很多类，比如《食品安全法》就分有发生食品安全事故潜在风险、食品安全系统性风险、区域性食品安全隐患。无论是企业，监管部门，都要根据风险的不同状况来采取不同的管理手段、管理措施。对风险分级管理，是食品安全监管的一个基本原则。

（3）强化食品安全风险预警

近年来，国家食品安全风险评估及风险交流体系形成有效的科学基础，促使政府部门对食品安全的管理从以危机应对为特征的"热点解析"转向以风险预防为特征的"预警提示"，这种变化体现了我国对食品安全风险交流的管理更加主动、从容，食品安全风险交流机制也更加顺畅。

针对治理难度最大的网络食品谣言，原国家食品药品监管总局成功地打出"组合拳"，取得明显效果：加大信息主动发布力度，2017 年共发布辟谣信息 85 条次，及时准确地澄清了谣言；建立了涵盖国家、省、市、县四级的 3 960 多个食品安全监管系统的微信号、头条号的新媒体传播矩阵；建立的食品安全辟谣数据库已收录 3 万余条次数据，可对"旧谣重炒"类谣言实现 24 小时内快速批驳。

我国食品安全风险管理能力提升主要体现在"实力提升、监管到位、共治显效"方面：社会共治格局基本形成，政府监管、行业自律、消费者维权、社会监督有效运行；食品安全风险监测能力显著提升，初步形成以国家监测机构为龙头，逐步向省、市、县各级延伸的完整监测体系；食品安全数据库从无到有、从少到多，目前已经形成了全国联网的食品安全数据库体系；食品安全风险评估和风险交流（含食品安全科普）效果明显。

虽然我国食品安全风险交流工作已取得不少成绩，但消费者对食品安全的信心仍有待进一步提升。信息不对称是导致这方面问题的深层次原因，主要表现为：监管者之间信息不对称；监管者和被监管者之间信息不对称；食品企业和消费者之间信息不对称。食品安全规制中，各主体如食品生产经营者、监管者、消费者、科学工作者、媒体等与各层面之间存在的信息不对称问题亟待引起高度重视。

信息不对称问题的破解之道在于政府、企业、社会"科学共治"。即建立食品安全信息公开机制，确保监管机构、社会组织、消费者等主体掌握食品安全的数据、信息，且逐步将信息公开法治化、制度化和常态化；健全食品行业信用评价机制，通过社会信用、信誉机制来遏制食品生产经营者和消费者的机会主义倾向；培育食品安全信息公开第三方力量，强化第三方主体参与评估机制；提高消费者的食品安全科学认知水平。

3. 进出口食品风险预警体系

进出口食品风险预警体系是按照我国出入境检验检疫系统 600 多个实验

室，在每年产生的进出口食品安全检测数据达数百万的基础上，根据国际国内有关食品安全相关标准及法规相关标准建立的。该体系功能强大、运行稳定。内容包括食品安全数据库、数据仓库、数据挖掘、监测、预警与快速反应、数据分析、趋势分析和状态评估等。该体系的建立，将我国的进出口食品安全控制从消极、被动和事后弥补改为积极、主动和事前预防，切实有效地将食品安全的风险拒之门外，将不合格的食品堵在厂门内。

（1）遵循四项原则，迎接"新挑战"

新《食品安全法》中，按照"预防为主、风险管理、全程控制和社会共治"的四项原则，对进出口食品安全提出了更加严格的新要求，检验检疫部门面临"新挑战"。

第一，更加突出生产经营者质量主体责任。新《食品安全法》明确规定进口食品的进口商及其境外食品生产企业和出口商是进口食品质量安全的第一责任人，应当保证向我国出口的食品符合我国法律法规和食品安全国家标准的要求。进口商应当建立对境外出口商和生产企业的审核制度，审核不合格的，不得进口其产品。

第二，更加强化进出口食品安全监管责任。新《食品安全法》明确规定，出入境检验检疫部门负责进出口食品安全监督管理，进一步强化了检验检疫部门的监管责任。对监管责任不力的，也做出了严肃问责的规定。同时，还要求检验检疫部门与相关部门建立通报联动机制。

第三，建立更加严格的进出口食品安全监管措施。在进口食品监管方面，要求对输华国家或地区食品安全管理体系进行评估审查，对境外输华食品生产企业进行注册，将对进口食品监管从境内延伸到境外源头。在出口食品监管方面，要求对出口食品实施监督抽检，保障符合进口市场的要求。

第四，对违法行为的处罚建立更加严厉的规定。对进口食品的进口商未履行对境外输华食品生产企业和出口商审核义务的，未建立进口和销售记录的，对存在风险的进口食品未履行召回义务的，做出了更加严厉的处罚规定。

（2）落实四个最严，构建"新体系"

为了贯彻落实习近平总书记关于用"最严谨的标准、最严格的监管、最严厉的处罚、最严肃的问责"保障食品安全的重要指示，质检总局按照新《食品安全法》的要求，建立了既符合国际惯例又科学严格的进出口食品全过程监管体系，有效地保障了进出口食品安全。

第一，建立完善的进出口食品安全法规体系。一是加强进出口食品安全监管顶层设计，建立完善的进出口食品法规体系；二是制定《输华食品国家或地区食品安全体系评估管理办法》《进口食品口岸分级管理办法》等一批新的规章制度，细化新的《食品安全法》；三是加强基层执法人员培训力度，严格执法，提升进出口食品安全治理能力；四是积极宣传《食品安全法》，开展进出口食品安全社区行等活动。

第二，建立最严格的进出口食品安全监管制度体系。在进口方面，建立覆盖进口前、进口时、进口后三个环节的全程监管体系。一是进口前严把三道关。严把对华出口食品国家和地区"准入关"，不符合要求的，不予准入。2010年至今，对61个国家或地区的62种食品进行了体系评估，对符合我国要求的25个国家或地区的14种食品予以准入。严把境外输华食品生产企业"注册关"，不符合要求，不予注册。二是进口时严格分类监管。组织专家采用风险评估模型，利用检验检疫大数据，对进口食品进行风险评估，对高风险食品实施针对性的严格监管，提高监管科学性、有效性。三是进口后加强事后监管。建立进口食品生产经营企业信誉记录制度，严格处罚有不良记录的生产经营企业。

第三，建立科学的进出口食品安全支撑体系。一是成立第二届中国进出口食品安全专家委员会，参与我国进出口食品安全决策。二是成立质检总局进出口食品风险评估中心，开展进出口食品检验检疫风险评估，制定科学有效的监管措施。三是建立境外输华食品国家或地区食品安全体系评估和审查的专门队伍，切实履行好对境外生产企业和出口商的监管。四是利用"大数据""互联网+"技术，创建"智慧进出口食品安全监管"，全面提升我国进出口食品安全治理能力。

第四，建立紧密的食品安全国际共治新格局。在贸易全球化背景下，保障全球食品安全已不再是一个国家或地区的"独角戏"。我们倡导"食品安全，国际共治"，首先要积极参与食品安全国际事务，要在国际组织中发挥作用，积极推动多边食品安全国际合作，共同遵守国际规则。其次要加强政府间合作，履行好与60多个国家或地区签署的200余个食品安全合作协议，各司其职，共同解决全球食品安全问题。最后要加强政企合作，深化与行业、企业的沟通与互动，推动行业自律、企业履责，共同保障进出口食品安全。

通过多年努力，国家质检总局在进出口食品安全监管方面取得了显著成效，多年来未发生重大进出口食品安全问题。2010 年至 2015 年 9 月，各地出入境检验检疫机构共从来自 110 多个国家或地区的进口食品中检出不合格进口食品 1.39 万批次、7.71 万吨、1.73 亿美元，几乎涉及所有食品种类。以上不合格的进口食品，口岸出入境检验检疫机构均采取了退运或销毁等措施，未进入国内市场，有力地保障了我国消费者健康和安全。

## 第二节　风险预警基本理论

随着食品安全预警的应用不断深入，产生了很多适用于食品安全预警的思想和理念，也在借鉴其他领域的预警成果的过程中，有了一些新的认识和思考，一些观点也得到进一步的发展，因此，已经初步形成了食品安全预警的理论基础。而食品安全预警的实际应用，也越来越需要有理论的指导，需要构建食品安全预警的理论体系[98]。

### 一、逻辑预警理论

当食品安全产生问题时，所表现出来的状态和情况即为警情。按照逻辑层次来考虑预警，实际上可以分为四个主要过程，分别为：① 警素，确定警情的主要影响因素；② 警源，分析因素变化的原因和条件；③ 警兆，因素表征警情程度；④ 警度，控制与趋势预报。要进行预警，第一步是选择和确定警素，这也是整个预警环节的关键和基础。

警源指的是警情要素发生变化的原因，也就是产生食品安全问题的具体原因。寻找和判断警源需要对一切与警情相关的不利影响进行追踪、积累和挖掘，然后再分析其影响途径和影响机理。寻找警源的核心在于找到那些既存在关联性、又能够在复杂的关联中挖掘出对可能食品安全的主要影响因素，在预警环节中是比较困难的一步。

警兆也可以称作征兆或表现。一般来说，不同的警素对应的警兆是各不相同的。在警素发生异常从而导致警情的爆发之前，是存在一定先兆或预兆的。像地震爆发前可能会表现出的天气异常、动物行为失常等都属于警兆。

警兆与警源的关系可以是直接的，也可以是间接的；可以是明显的，也可以是隐形的未知"黑色"的。直接征兆并不常见，例如有的火山在爆发前，近火山地表会发生颤抖，预示着该火山即将爆发。而 H7N9 病毒导致的疫情暴发时，人们初步判断活禽可能是疫情的流行原因，这说明在当时，对 H7N9 病毒的影响途径和疫情流行机理还并非十分明确，但是，我们并不能确定人类感染 H7N9 病毒是否就是食用活禽引起的，这时其中的因果关系就是隐形的未知的"黑色"关系。尽早发现并确定警兆有利于对警情进行判断。但是，确定警兆并非一件易事。对于一部分警情来说，用类似的已经发生过的状况能够帮助判断，也就是说，有可靠的经验可以用于借鉴。现在社会高速发展，新的问题也应运而生。对于这些新出现的问题和一些依靠经验并不足以加以确定的问题，我们就需要依靠技术手段对警源进行科学分析和判断。一般来说，要确定警兆，以技术分析为主，以经验智慧分析为辅，相辅相成、相互补充共同决断。

警度表征的是警情的严重程度。通过判断警度的级别来报告警情可能的危害程度，从而采取相应的应对措施和策略来对食品安全风险进行预防和控制。如果判断出警度为正常，则继续进行常规监测；如果判断警度为产生了食品安全风险危机，则应当立即采取相应的措施调整和纠正，以达到减小和控制风险的目的；而如果判断结果为风险太高的情况或是突发的警情，食品安全风险警度预报则要求快速采取有效应对措施，从而解除和完全控制警情。食品安全警度的预报是规范的科学预报，其目的是对可能发生的食品安全警情进行预防和控制。

总而言之，食品安全的逻辑预警指的是：① 先明确对食品安全预警的内容；② 分析和搜寻产生食品安全问题的根源所在；③ 判断、总结可能会发生食品安全问题或已经发生食品安全问题时所具有的特性；④ 分析总结并给出关于该食品安全问题严重程度的警示。

## 二、系统预警理论

食品安全风险预警研究的对象是一类综合性问题，而系统预警的理论则是按照系统的概念来划定问题的研究范畴，再运用系统预警的原理和方法对其进行分析、预测和控制。

1. 系统、信息与控制

（1）系统

系统理论指的是将所有的研究对象看作一个整体，将其定义为系统或是体系，侧重点在描述和确定整个研究对象的总体结构、功能和行为上。像风险评估系统、安全状态与发展趋势报告系统、污染监调与安全预警系统等都符合系统理论。系统同时具有特定功能和实质特性，是由若干个组分组合而成的有机整体，这些组分相互作用、相互依赖。

一般情况下，一个食品安全预警系统不仅会存在其内部的运行问题，还会因为受到环境影响而存在一些外部的问题。系统的环境适应能力非常重要，只有能够良好地适应外部环境的系统才能称得上是健康运行的系统，那些不能良好适应周围环境变化的系统，难以在社会上生存。对于一个系统而言，只有在其内部关系和外部关系相互协调、统一时，才能够全面地发挥该系统的整体功能，从而保证该系统整体向最优化发展[99]。

（2）信息

对食品安全问题的预警也就是对该系统的预警。那么该系统的运行和控制应该如何实现和实施呢？系统理论是以信息为依据，然后对信息进行采集、分析、推断、转化和更新的过程。

最基础的信息叫作原始信息，包括历史信息和即时信息，也包括实际信息和判断信息。一般来说，信息是由信息网（信息的收集、统计和传输）、中央信息处理系统（存储和处理从信息网传入的各种信息，进行综合、甄别和简化）以及信息推断系统（将缺乏的信息进行推断，并进行征兆信息的推断）三部分构成的。食品安全预警的信息在经过采集、处理和动态补充后，再经辨别真伪并有效地剔除伪信息后，原始信息就转化成了有用的信息，也就是完善且灵敏的预警信息，这些信息对于给出食品安全状况的警报和警度方面有很大的作用。

无论是系统内部各部分之间，还是系统与外部环境之间，其相互的影响和干涉都可以理解为信息流的作用。因此，食品安全预警系统的状况、运行趋势也可以说是信息的特征、传递、转移和转换。

（3）控制

控制也就是指约束系统的状态、行为和变动趋势，调节波动增强稳定性，从而使系统按预定目标运行的技术科学。食品安全预警控制包括两个层面：一是技术控制，二是管理控制。其中，技术控制指的是通过系统的结构设计，以实现不同要求的功能和变化。管理控制则指的是强调管理流程的指导性流向。

预警研究应将预防作为主要的目标，也就是说，防止产生问题就是预警的根本目的。当食品受到了污染或者是食品安全的风险变大的时候，食品安全预警的控制手段的重点应该放在减少污染和减小风险上，一直到彻底消除污染源为止，达到完全排除风险的目的。而如果出现突发的重大食品安全事件时，食品安全预警的控制手段则应该集中在快速应对上，以达到控制事态的目的。

食品安全预警的系统控制理论的核心就是把研究对象看作一个整体，采用信息流表达系统，设计各种流向以及整个控制过程，来减小和降低食品安全风险，保障整个社会的食品安全。

2. 系统工程预警理论

工程指的是在食品制成产品的整个过程，构成要素包括工艺路线（方法和手段）、工艺流程（整个生产过程）、工装设备（人力、财力、物力）和一些辅助支撑（管理水平）。工艺流程由各种必需的工序（也就是工艺）组成，工艺的实现离不开装备的承担。食品从原料变成产品的过程，就是选择工艺、设计工艺流程、在选定的装备上由操作者加工完成的过程，要保障食品安全，整个过程中间必须保证有必要的检测阶段。所谓系统工程理论，指的就是利用系统工程学的思想来分析系统、设计系统和控制系统。而食品安全预警的系统工程理论，顾名思义，就是按照工程的理念来设计食品安全预警流程，把系统分解为整个工程的各个工序，将系统的功能与工装设备一一相对应，从而实现为保障食品安全所进行的预防和控制。

系统工程的工艺流程对于实现预警的系统十分重要，相当于是其结构。即使是同样的输入情况，也可能由于流程不一样，消耗的能量不同，需要的工装设备不同，从而导致完成的产品，也就是预警的输出也不同。要实现预警输出，就要采取一些手段和方法，也就是工艺。而食品安全预警系统工艺的实质其实就是研究出适用的数据分析方法，然后根据该工艺来规定具体的监测检测方法，制定有关的制度、方案等。这些制度和方案包括为了预警所制定的报告制度、通报制度、责任制度等。不同的方法、手段适用于解决不同的问题，其研究效果的差异也很大。而这些工装设备的实质是实现工艺的具体载体。食品安全预警的工装设备范围很广，包括：监测网点、检测仪器与设备、管理者等，也包括国家及地方出台相关法律法规文本以及规定的报告文本格式等。工装设备主要体现预警的技术水平、加工能力、输出精度和成本效益上。而食品安全预警系统工程的辅助支撑则通常可以理解为该系统运行需要的外部环境，包括国家食品安全管理战略以及有关的发展规划等。

由于工程的概念非常便于理解，而且方法简单方便，故而利用系统工程学中的流程、工艺的概念及理论来研究复杂的食品安全预警问题现实可行，而且还能够使整个系统内部的关联变得非常简捷，系统与外部的关联变得非常清晰。因此，系统工程学的思想对于构建食品安全预警的系统具有很高的借鉴价值和指导意义。

3. 耗散预警理论

耗散的概念最早起源于物理学中的热学研究。开放系统在远离平衡态的时候可以自发地形成有序的耗散结构，而描述这种特性的规律就称作耗散结构理论。如果一个系统其自发运行具有的方向性类似于这种耗散结构的运行特性，那么，我们就可以借用耗散思想来探讨整个系统的运行方向，这也是系统研究中的一种新理念。

要对食品安全进行预警，其实质就是要研究其中风险的产生和变化，从而达到预防和警示风险产生和积累的作用，继而保障食品的安全。食品本身属于一个开放的系统，符合耗散理论，其风险自然积聚。但是，如果该体系受到了外界适当的控制和干扰，那么该食品开放体的自发过程就会受到限制或者说是阻碍，那么食品的不安全性就会大大降低。

解决食品安全的问题，我们可以借用耗散的概念。将食品的不安全程度或者说是食品的风险用耗散度来对应进行表征，那么这个食品系统的自然运行趋势就称作其自发向耗散结构运行的方向，而所谓基于耗散的食品安全预警理论，也就是研究该系统自发向耗散结构运行的规律。

## 三、风险分析预警理论

在食品安全预警的研究过程中，对食品安全的状况进行分析也至关重要，甚至可以说，绝大多数情况下，都要对食品安全的风险进行评估和判断，再根据是否会产生危害安全的风险以及产生风险的程度（警度）来对是否应该发出警报以及发出什么程度的警报做出相应的决策。众所周知，影响食品安全可能存在的风险主要有：化学危害、物理危害、生物危害以及交叉作用的危害。因此，如何识别和评估这些危害至关重要，而规避、减小和消除危害作为化解风险的主要过程和手段，也是食品安全风险预警的根本目的[100]。

食品安全风险分析指的是以对食品中可能存在的危害进行预测为基础，从而采取的规避风险或者是减小危害影响的措施。而整个食品安全风险分析的理论体系则包括风险评估、风险管理和风险交流。风险评估的基本内容包括危害识别、危害描述、暴露评估、风险描述四大部分，风险管理主要是风险评价与管理决策，风险交流是与风险相关者各方的共享机制。

食品安全风险分析目前还处在发展过程中，它的目的是确保食品安全，保障公众的安全和健康，在国际社会上是制定食品相关的法规、标准以及政策措施的基础。

## 第三节　风险预警交流

食品安全风险预警是用于应对全球的食品问题，提升食品安全保障的一个重要手段，它和食品的每个产业链都有着密不可分的关系。不管是监管部门、食品生产经营企业，还是媒体和消费者，都是食品安全风险交流预警中的参与者。开展食品安全风险交流预警不仅有利于提升有关部门的监督效能，而且有利于维护消费者的信心，更有利于推动整个食品安全社会共治的实现。政府的有关部门、整个食品产业界、学术界以及媒体都在食品安全风险交流和风险预警方面取得了一定的成绩，政府有关部门的风险交流力度逐渐增大，社会各方的广泛参与程度在逐步地提高，从抽检信息的公开、热点食品的安全解析到辟除谣言再到积极地为公众答疑解惑，减少不必要的恐慌，公众已趋于理性。

我国食品安全风险交流预警工作仍然面临诸多挑战，目前我们已经进入新媒体时代，新媒体已经成为大众获取食品健康信息的重要途径，也成了谣言传播的新阵地。新媒体环境改变政府和主流专家在信息话语权上的传统优势，赋予了公众传播意识和传播能力，受众由围观者转变为表达者。同时也增加了民众对食品安全风险不确定感，变得更加难达成共识。新媒体时代下，公众对交流者有更为强烈的需求，我们的交流工作还没有完全跟上新时代的迅速变化。

消费者对食品安全的关注也正在呈现新的特征，无论是科技界还是产业界，都应该顺应这一变化，未来风险交流预警还需要进一步加强制度、机制、经费等方面的保障，培养专业的人才，在交流内容上需要从传统风险交流向广义的风险安全交流转变，在交流方法上需要充分利用新媒体，改进沟通策略，个性精准化定制信息，通过数字革命与消费者互动，切实提升风险交流效果，增强消费者食品安全信息和增强消费者对政府的公信力，促进行业的健康发展[101]。

## 一、风险预警交流的必要性①

在新《食品安全法》第二十三条中明确提出了建立风险交流制度，而国际上真正开始实行食品安全监管，联合国粮农组织、世界卫生组织出版了《食品安全风险分析国家食品安全监管机构指南》，这时候国际上才引用了风险评估、风险管理、风险交流三大体系，一般称为食品安全风险分级模式。

安全监管实际上分为三个层面：技术层面的风险评估、行政层面的风险管理、社会层面的风险交流。新《食品安全法》增加了一部分，过去有风险管理制度、评估制度，但是没有交流制度，新法增加了交流。监管和服务的最佳结合点之一就是做好风险交流工作，互相促进。在这个过程当中，要主动密切联系风险交流的各相关方，积极发挥各方的优势。

风险交流属于一个法律上的概念。风险交流指的是食品安全监管部门和其他的有关部门，以及食品安全风险评估的专家委员会和相关的技术机构，在依照科学、客观、公开原则的前提下，组织相关的食品生产经营企业、食品检验及认证机构、食品的行业协会、消费者协会以及新闻媒体等，就食品安全风险评估信息和食品安全监督管理信息进行交流沟通。

食品安全问题实际上可以从很多角度进行分析。过去有人说地沟油，如果地沟油检测都合格了，那能不能食用？凡是用非食品原料生产加工的食

---

① 全国食品安全抽检监测和预警交流工作会议在京召开，原国家食品药品监督总局网，http：//samr. cfda. gov. cn/WS01/CL0050/224445. html.；加强沟通掌控局势主动开展食品安全风险交流工作，中国食品安全网，http：//www. cfsn. cn/2015－05/14/content_ 262272. htm.

品，本身法律上就不安全。这个过程中，就需要各个部门、消费者、新闻媒体来进行交流，对食品安全问题，涉及专业问题、管理问题及社会问题，不同的人由于不同的背景，看问题的角度不一样，就可以来进行沟通、交流。食品安全是行业坚守的底线，而风险交流则是行业发展的助力。食品安全不存在零风险，风险交流在食品安全管理方面意义重大。有效的风险交流能够提升公众对食品安全现状的认知，而错误的风险交流则会将行业推向另一个深渊，因此必须正确地使用这把"双刃剑"[102]。

风险交流的范围很广泛，包括有关的监管部门、各大媒体、广大群众、食品检验机构、食品安全领域的专家、食品安全标准的制定者以及食品生产经营企业等多个不同层面。在近年来基层的工作实际中，风险交流工作重点主要在以下五个层面展开[103]。

1. 监管部门与公众交流层面

各个监管部门都掌握着各种有关食品安全信息的第一手资料，应充分地利用所掌握的资料，适时而又适度地向公众公布食品安全风险相关信息、发布相关的食品安全警示；同时，还应加强对于信息的管理工作，建立起通畅的信息发布以及反馈渠道，完善目前的信息管理制度。有关部门还应明确相关信息公开的范围和内容，发布信息的人员要求、发布信息的权限以及发布信息的形式，从而确保相关信息发布的准确性和一致性。

近来，食品安全问题已经成了整个社会的舆论焦点，监管部门则往往扮演消防员的角色，事后救火，起到的实际效果非常差。媒体和公众甚至都认为监管部门经常不作为，或是认为监管部门是企业利益的代言人。从"苏丹红鸭蛋"事件到"镉大米"事件再到"硫黄笋"事件，在事件发生后，监管部门只是请专家出来解释："至少每天都吃1 000只苏丹红鸭蛋才会中毒""连续50年每天吃二两镉大米才会中毒"。引起舆论的一片哗然，专家甚至被网友们戏称为"砖家"。监管部门应该对于其掌握的食品安全风险信息一一进行甄别，主动与媒体进行沟通，来争取媒体的支持，避免各媒体发布歪曲事实、不实以及夸大的食品安全新闻（动辄以"毒××"来吸引公众眼球），巧妙利用媒体来宣传对公众而言必要的食品安全风险知识，将被动的应对变为主动的引导。其次，有关监管部门应该主动地向广大群众公开必要的食品安全风险信息。应当利用有关部门的官方网站、报纸和电视的专栏专刊、科普讲座、编写发放食品安全相关知识的手册等多种方式和手段，对食品安全风险的相关知识进行深入浅出而又形象生动的讲解和宣传,引导和教育广大群众正确地看待食品安全问题。对于适合向公众公开的食品安全风险信息都要及时进行公开,并且逐步地扩大公开范围。

近年来,原国家食药监总局开展的工作主要围绕着主动发布抽检信息、推进与风险评估的良性互动、及时回应社会关切、积极联系企业行业、密切联系学术界、主动联络媒体等六大项。但食品安全形势依然严峻,有关部门应当采取有效措施,让食品安全风险交流工作得以发挥更大的作用,进一步地促进各方科学地理解食品安全风险信息,从而增强监管部门的公信力和消费者的信心,凝聚起社会公众的信任,树立起监管部门的良好形象。

食品安全工作任重道远,风险交流工作也将负重前行。要勇于探索创新,根据食品安全法的具体要求,结合包括抽检在内的抽检工作,强调各利益相关方从广度和深度上沟通风险交流达成共识,树立风险交流理念,充实风险交流内涵,强调平等对话应该透明,多元参与。尽可能降低风险造成的负面影响。

在原国家食品药品监督管理总局的网站上的食品安全风险预警交流栏目中,这里面每一个栏目都是聘请相关专家、学者针对生活中的问题进行理性的解读。比如说解读生鲜奶,还有乳制品当中含有的肉毒杆菌,我们看了之后会有很多收获。实际上,对食品安全的认识不能简单地从我们生活中简单的体验来说,背后还有很多科学的知识,要进行风险交流。

2. 监管部门与生产经营者交流层面

食品安全风险交流的目的是避免或降低各种食品安全危害因素对人群的作用,那么,从源头上控制食品安全风险就是釜底抽薪的治本之策。在这个层面上,我们重点做好了两方面的培训工作。首先是对生产经营者的培训教育。很多执法者对生产经营假冒伪劣、有毒有害食品行为的最终处置往往是行政处罚,其实找出和消除食品安全危害因素才是处置工作的终点。执法部门要加大对食品生产经营者的培训力度,增强其食品安全责任主体意识,帮助其分析危害产生的原因,提出在生产技术、工艺设备、加工过程控制、采购、运输、储存等方面的改进措施,制定整改方案,从而从根本上消除风险。其次是对食品从业者的培训。食品行业从业者整体素质相对较低,执法部门要加强培训,通过食品安全典型案例讲解等有效方式,使其知晓危害,掌握必要的食品安全基本常识,从而在生产经营过程中能够规范操作,降低、消除各种人为因素带来的食品安全风险。

### 3. 监管部门之间交流层面

首先，各级食品安全委员会办公室建立信息交换和配合联动机制。食品产业链长，监管工作牵涉到农委、食品安全监管、卫生、质监、环保、粮食、检验检疫等很多部门，不同部门工作重点各不相同，只有通过有效的沟通协调达成共识，才能提高风险交流和食品安全风险处置工作的有效性。各级食品安全委员会办公室要特别注重与卫生行政部门的沟通与交流，食源性疾患的监测、报告工作是发现各种食品安全危害因素的基础，一旦发现苗头性问题要及早处置，可以大大降低公众身体健康所受到的损害。在国家层面还要建立不同地区之间的风险交流机制，不同地区的监管部门也要有协作意识。2014 年 8 月份，卫生部门的一份风险监测数据显示，某乳业公司 10 份样品有 8 份显示 β-内酰胺酶为阳性。食安办协调质监、农委共同对风险原因进行了排查，最终确定了风险来源于一牧场，两部门分别对各自监管对象采取了相应的措施，消除了后患。其次，要做好与检测机构的交流与合作。从广义上说，检验机构也属于食品安全监管部门，并且是非常重要的监管部门。各种食品安全风险的发现、判定离不开检验机构的支持。对检验机构出具的数据也要进行分析评判。

### 4. 监管部门内部交流层面

食品安全监管部门建立健全机构内以及与上下级机构的信息通报与协作机制。在某种程度上，机构内部顺畅高效的沟通交流显得更为重要，它是确保整个工作正常、高效运转的前提。一是食品安全风险交流制度化，要将机构内部各职能科室之间的信息通报和协作机制形成制度明确下来，形成一整套完整的流程，做到有章可循。二是食品安全风险交流常态化，一旦以制度的形式明确下来，就应当将信息通报和协作配合当成一项日常工作，做到常交流、常通报，对各种食品安全风险信息进行溯源、排查、消除。三是食品安全风险交流多样化，要想快速提高监管队伍的食品安全掌控水平，就不能拘泥于传统的方式，只要能解决问题、处理情况的形式都能运用，比如，学习考察、参观访问、现场观摩等，交流的范围也可以根据情况确定。通过这些交流，提高监管人员（特别是基层监管人员）的食品安全风险意识以及知识水平。

2018 年 2 月 5 日至 6 日，全国食品安全抽检监测和预警交流工作会议在京召开。会议以十九大精神和习近平新时代中国特色社会主义思想为指导，贯彻落实全国食品安全监管暨党风廉政建设工作会议部署，研究安排2018年食品安全抽检监测、预警交流和核查处置工作。

会议指出，2017年，食品安全抽检监测工作全面落实食品安全大抽检部署，取得新成效。全国完成抽检监测任务230余万批次，累计公布2.6万余期抽检信息，完成国抽不合格食品核查处置任务1.3万余件次，抽检监测成为发现违法违规问题的重要手段，对生产企业案件贡献率达到了37.6%；全国初步建立了四级统一的抽检信息系统，探索开展了评价性抽检，科学开展风险预警交流，公众满意度不断提升。

会议强调，做好2018年食品安全抽检监测工作，要深入学习习近平总书记关于食品安全的战略思想，贯彻落实党中央、国务院决策部署，按照全国食品药品监督管理暨党风廉政建设工作会议提出的"七个必须坚持"工作新要求，以风险预警为前提，以抽检监测为基础，以风险交流为纽带，以信息公开为保障，重点做好以下工作。一要加大抽检监测工作力度。突出问题导向，开展评价性抽检，加强检管联动。督促企业落实主体责任，主动防范化解风险。二要加大风险预警交流力度，强化分析研判，提升预警能力和监管效能。三要加大抽检信息和核查处置信息的公开力度，坚持阳光监管，曝光不合格企业和问题产品，处罚到人。四要逐级落实核查处置任务，加强核查处置基础工作，提高核查处置能力。五要加强信息系统建设，深入挖掘抽检数据，推动实施智慧监管。六要加强承检机构管理，确保抽检数据真实可靠。

会议要求，食品抽检监测系统要不断加强政治理论学习，持之以恒反"四风"，加强廉政自律，严守工作纪律、严守底线、不越红线，建设忠诚干净担当的干部队伍。

5. 未来风险交流工作

目前，我国的风险交流工作已经纳入了法制化轨道，通过数据比对显示，食品安全舆情热点占解析数量比例从2015年的100%到2017年的62.1%，从以危机应对为特征的"热点解析"，到以风险预防为特征的预警提示，我国对食品安全风险交流的管理更加主动、从容。但依然处于起步阶段，在制度机制、人员队伍、方式手段等方面与发达国家相比还有很长的路要走。做好食品安全风险交流，首先需要强化专业性，尊重科学，既要强调准确也要全面，承认科学的局限性和不确定性；其次也需要强化敏感性，坚持及时有效，将正确的信息以易于接受的方式和渠道传递出去，保持对各类风险信息的高度敏锐观察力，重点关注突发事件、媒体热点和国际动态，早发现、早处理、早引导，做到狠抓"打早打小"，避免"拖晚拖大"；最后，还要强化常态性，坚持预警"细水长流润物无声"，注重行业、企业、媒体、公众等各利益相关方参与，以坦诚、平等、开放、透明的胸怀逐步构建信息信誉，促进形成共识。

因此，我国未来风险交流工作应包括三个方面：第一，把握风险交流的发展方向。开展全面的认知调查，将正面的、不限于风险的信息，以易于揭示的方式通过合适的渠道传递给他们，促进多方参与。第二，突出风险交流重点。如制定食品安全交流工作规范、丰富风险交流的工作的形式和渠道、进一步改善抽检信息查询的方便性、可及性。大力扶持培育民间的风险交流平台、加大食品宣传经营单位和消费者的交流力度、强化与媒体的合作。第三，健全交流工作体系，同时鼓励组建各级专家交流队伍，发挥技术指导建言献策和咨询论证等方面的作用。

## 二、技术培训常规化

国家的风险监测水平代表着我国食品安全风险管理能力的高低，随着我国科技文化水平的不断提升，技术从业人员数量也与日俱增。技术人员的专业素养一方面决定了我国的风险评估水平，另一方面也是国家宏观调控的重要工具。2017 年和 2018 年由国家食品安全风险评估中心举办了几十场专业技术培训[104]。

例如，2017 年的国家食品安全标准与风险管理培训活动、全国食源性疾病监测与流行病学调查培训、代谢组学专题培训、全国食品安全风险评估技术培训、食品中真菌毒素监测样品采样及制备技术培训等。与此同时，地方性培训逐渐系统化。为提高风险监测的专业水平，各地区根据本地的风险检测水平和监管特色，也在积极举办不同规模不同主题的培训活动。例如江苏省编制印发了食源性致病菌监测工作手册等系列技术文件，编制食品安全风险监测工作标准操作规程，详细规定食品安全风险监测工作环节的工作要求，举办各类技术培训班 13 次，培训基层工作人员 877 人次，有效指导基层工作人员规范开展工作。江苏省疾控中心以及南京等 10 个市级疾控中心建立了食源性致病菌分子分型网络实验室。还有 2018 年的中国居民食物消费量调查工作启动会暨培训、国家食品安全风险监测食源性细菌和诺如病毒检测方法技术培训、2018 年国家食品安全风险监测污染物检测技术培训班、2018 年国家食品安全风险监测农药残留、兽药残留检测技术培训班等。

### 三、研讨活动常态化与规模化

国家风险交流策略的目标之一，是提升公众食品消费信心，提高公众对政府、企业控制风险能力的信任。2005 年欧盟启动消费者对食品供应链中风险认知的研究计划，该研究结果为欧洲食品安全局（European Food Safety Authority，EFSA）的风险交流提供依据，并对风险交流效果进行评估，也支持了 2010 年发布的 EFSA 形象报告。

自 2012 年国家风险评估中心举办开放日活动以来，吸引了广大消费者参与，受到了参与者的一致好评。

1. 食品安全风险交流国际研讨会

2015 年 6 月 26 日，在原国家食品药品监督管理总局食品安全监管三司的支持下，中国食品药品国际交流中心和中国美国商会共同在京举办"2015 年食品安全风险交流国际研讨会"。来自中美食品安全监管部门、学术界、产业界以及媒体共 80 余名代表参与了研讨会。研讨会围绕如何积极发挥食品生产经营者在食品安全风险交流中的作用，加强与政府、媒体、专家及消费者的沟通，更好树立风险交流意识等议题进行了探讨。

2. "互联网+食品安全"研讨会

随着互联网的发展，"互联网+""大数据"等成为热词，而食品行业作为最大的民生产业，也借此"东风"进行了转型升级，而在此过程中，食品安全监管也成了农产品互联网化所存在的问题。2017 年 1 月，在苏州举行的"农牧人"战略融资发布会暨"互联网+食品安全"研讨会上，众多行业专家和企业代表就这一话题进行深入探讨。

与会专家认为，电商给农产品销售带来新商机，电商扶贫成为一种新的扶贫方式。农产品"触电"后，推动了包装、营销、品质、服务等环节提升水平，增加了农产品的销售渠道，提高了农产品的附加值。但有个问题一直没有很好得到解决——食品安全。为此，2009 年，电商品牌"农牧人"依托国际食品安全协会（GFSF）权威的食品安全背景，通过与物联网及互联网营销平台的战略合作，使得从农产品种植到食品安全监管再到产品营销推广，形成了一套完整的运作模式，也打响了中国县域产地电商第一品牌。

3. 食品安全传播力研讨会

作为全国食品安全宣传周重要主题活动，由中国健康传媒集团主办的"食品安全传播力研讨会"在中国国际展览中心举办。研讨会由国务院食品安全委员会办公室、国家新闻出版广电总局、中国科学技术协会联合指导。

"食品安全直接关系公众生命健康，但受多种因素制约，我国的食品安全水平和人民群众的主观感受之间存在较大差距。"原国家食品药品监督管理总局新闻宣传司司长颜江瑛表示，要想提升食品安全传播力，强化百姓安全感，应从三个方面入手：一是不断扩大政务信息的影响力，充分发挥政务新媒体的作用，加强对新媒体传播规律的研究，既把信息及时传递出去，更要在传递的过程中让公众愿意听；二是提升科普信息的到达力，增强科普传播的针对性和精准度，加大对食品谣言的打击力度；三是增强社会共治的凝聚力，社会各界携起手来共同营造一个和谐、安全、放心的食品安全环境，为食品安全共治共享做出贡献。

据颜江瑛介绍，近年来，原国家食品药品监管总局重拳出击，加大谣言治理力度，对"塑料紫菜""塑料大米""橡胶面条""棉花肉松"等食品谣言进行了辟谣，收到了良好的社会效果。今后，原国家食品药品监管总局还将与其他部门密切合作，继续对食品谣言保持高压治理态势。她认为，在强化消费者信心方面，以"科学传播食品安全理念"为主题的食品安全传播力的研讨很有必要。

"专业媒体应当发挥作用，让科学跑在谣言前面，让科普跑在谣言前面。"中国健康传媒集团董事长吴少祯表示，近年我国食品形势不断好转，新型传播格局下的食品安全舆论环境也发生了明显变化，体现在公众心态变化、媒体生态变化、政府职能转变等方面。中国传媒集团将充分调动旗下各媒体平台力量，进行全媒体科普传播和辟谣工作，努力发挥专业媒体的作用。

### 四、食品安全风险交流面临的挑战

中国的食品安全风险交流工作刚刚起步，尚缺乏公众对食品安全风险特征的感知，尤其是新媒体的快速发展，使得食品安全不仅成为网络新媒体重要的传播信息议题，而曝光的食品安全问题极易引发社会公众的高度关注，舆情作用也加剧了人们对食品安全问题的担忧，甚至影响到消费行为，使得风险交流面临新的问题[105]。

例如2008年发生的三聚氰胺配方奶粉事件，由于媒体的曝光效应，致使消费者几乎丧失了对整个行业的信心，即便政府对违法犯罪行为进行了严厉的打击，而相关事件也已过去了10年，但是至今国产奶粉依然处于信心重塑过程，甚至在声明国产奶品质并不低于进口奶的明确表态情形下，消费者依然不买账。显然，消费者感受到的风险并未达到减小和消除的预期。在信息不对称的传播模式下，公众如果接受夸大的风险，从而放大了感知到的风险，不仅导致自身消费行为变化，更有可能导致消费信心下降，甚至导致负面情绪激化，出现恐慌性社会问题。因此，如何消除当下老百姓普遍的食品安全消费恐慌心理，就成为我国食品安全风险交流面临的主要挑战。

## 第四节　风险预警管理

食品安全问题是在经济社会的发展过程中必然会经历的阶段，只有社会、文化和经济逐步发展，才能使其逐步得到改善。但是如何来降低或是消除系统性风险，从而做到及早发现、预防并降低食品安全的危害，则应引起有关监管部门以及整个食品行业的高度关注和重视。因此，食品安全风险预警则被用作一项管理社会公共事务的有效手段，正受到相关各方越来越多的重视[106]。

### 一、建立食品风险预警机制

对食品安全进行监管包括了从生产、加工、包装到运输和销售的过程，而监管的对象则包括化肥、农药、饲料、包装材料、运输工具、食品标签等在内，对于有可能会对食品安全构成潜在危害的风险，采取预先对其加以规范和预警的方式，来避免重大食品安全事件的发生，再以此为基础来建立食品追踪溯源的机制[107]。

1. 建立统一的食品安全风险信息交流系统

有关部门应加快对食品安全信息管理制定统一的法规制度，并加以完善，同时还应明确相关食品安全信息的范围以及信息的收集范围。要尽可能快地改变在食品安全信息方面我国长期以来的部门化、单位化和课题组化的状态，有关部门应指定专门机构负责收集、汇总并分析相关的食品安全信息，同时应建立起相应的管理制度以及技术规范。从国家层面上来看，还应进行统一收集的食品安全信息，至少应该包括以下六种：（1）农产品、加工食品等的类别、产量和食品消费量；（2）农业种植、养殖过程中的农药及其他农业投入品的性质及用量，植物或肉用动物疫病流行的信息等；（3）食品安全监管部门行政执法中发现的食品生产经营违法信息；（4）承担食品检验的检验机构发现的超出食品安全标准或新发现的有毒有害物信息；（5）食品安全风险监测中收集的污染物、食源性疾病、有毒有害物信息；（6）政府经费支持的食品专项调查等信息等。

2. 加快建立食品污染信息预警系统

科学准确的食品安全风险预警应该建立在食品安全风险监测、风险评估和监管信息收集分析均成功有效的基础上，只有能够有效地落实风险监测、风险评估和信息的沟通，才能够实施有效的风险预警，这就需要有关部门依法建立有效的分工合作机制。为了科学地开展食品安全风险预警，还应当确保食品安全风险评估机构能够及时地获取相应的食品安全风险信息。经过食品安全风险评估后的结果还应当快速且准确地传达到相关的食品监管部门。食品安全预警信息应当及时公布，公布内容要求客观，方便食品生产经营企业和消费者都能够及时地了解到相关风险信息，从而提高食品生产经营企业自身的防控风险能力。

3. 加快创建食源性疾病预警系统

通过完善有关食源性疾病报告、监测和溯源的体系，建立起有关食源性疾病危害因素的数据库，结合食品污染物的监测数据，建立起食源性疾病的危害预警和预测系统，用来提高对于食源性疾病的预警能力和控制能力。通过对食源性疾病的相关信息以及危害物监测信息进行综合分析，还可以对食源性疾病的发生以及发展趋势进行预测和预报，指导有关的监管部门采取具有针对性的防控措施，从而提高食品安全的整体水平[108]。

## 二、加快推进市场准入制度

为了保证食品的质量品质和安全性，执行市场监督准入制度迫在眉睫，该制度规定了具备相关条件的生产经营企业才能进行生产经营活动，具备相关条件的食品才能够进行生产和销售。实行食品质量安全的市场准入制度属于一种政府性行为，需要从食品的源头抓起，在根本上保证食品的质量和安全。同时，对于已经获得了生产许可证的企业和其他的生产经营者也需要通过定期的年审、强制检验以及不定期的抽查检验、巡查回访等措施，以此来督促已获证的企业也能够永久保持生产合格产品[109]。

1. 市场准入的具体制度

（1）食品生产企业实施生产许可证制度

有关部门应该给具备基本的生产条件且能够保证食品的质量品质和安全性的企业发放《食品生产许可证》，以准予其生产在获证范围内的相关产品；而未获得《食品生产许可证》的企业则不被准许生产食品。这一相关规定从生产条件上确保了企业会生产出符合相关质量安全要求的产品。

（2）对企业生产的食品实施强制检验制度

未经过检验或是经检验后发现不合格的产品不允许出厂销售。而对于自身不具备自检条件的生产企业，则应强令实行委托检验制。这项规定是适合我国企业现有的生产条件和管理水平的，能够行之有效地把住产品出厂质量安全关。

（3）对实施食品生产许可制度的产品实行市场准入标准制度

对于检验合格的食品，应当加印（贴）上市场准入的标准，也就是大家熟知的 QS 标志。凡是没有加贴 QS 标准的食品都不准进入市场销售。这一规定方便了广大消费者自己进行识别和监督，也方便了有关行政执法部门进行监督和检查，同时，还有利于促进食品生产经营企业提高对于保证食品质量安全的责任感。

2. 实行市场准入制度的目的

（1）提高食品质量、保证消费者安全健康

食品属于一种特殊的商品，具有其他商品不具备的特性。它和每一个消费者的身体健康以及生命安全关系都最为密切。近年来，随着人民群众的生活水平逐渐提高，公众的重心从吃得饱转移到了吃得安全健康。有关食品质量品质与安全性的问题也变得日益突出，包括食品生产的工艺水平比较低，产品抽样的合格率不高，假冒伪劣的食品相关产品屡禁不止，由食品质量安全问题引起的中毒和伤亡事故屡有发生等，已经严重地影响到了广大人民群众的生命安全和身体健康，为了从食品生产和加工的源头上确保食品的质量品质和安全性，我国政府部门必须出台既符合社会主义市场的经济要求，又运行有效，同时还与国际通行做法相一致的食品质量安全监督管理制度。

（2）保证食品生产加工企业的基本条件，强化食品生产法制管理

就我国的食品工业而言，其生产技术水平在总体上同国际的先进水平还存在比较大的差距。许多食品生产加工企业的规模都极小，加工设备也很简陋，加上环境条件很差，同时技术力量还较为薄弱，难以确保生产出食品的质量品质和安全性。有些食品加工企业甚至不具备产品的检验能力，企业的管理非常混乱，不严格按照标准的规定组织生产。生产加工企业是保证和提高食品质量和安全性的主体，为了保证食品具有良好的质量品质和安全性，必须加大对食品生产加工环节的监督管理力度，在企业的生产条件上把控住生产准入关。

（3）适应改革开放、创造良好经济运行环境

就我国而言，在食品的生产加工以及流通领域中，普遍存在着一些违法犯罪行为，包括降低相关标准、偷工减料、以次充好、以假充真等。为了规范食品市场的经济秩序，维护公平竞争的原则，适应我国目前的社会经济形势，从而保护广大消费者的合法权益，必须实行食品质量安全市场准入制度，对相关生产流通企业采取包括审查生产条件、强制检验、加贴标识等措施在内的监督管理，将各类违法活动扼杀在摇篮里。

3. 市场准入制度的基本原则

（1）坚持事先保证和事后监督相结合的原则

为了确保食品具有良好的质量品质和安全性，必须从源头也就是食品的生产必备条件抓起。因此，我们应当实行生产许可证制度，对企业的生产条件进行审查，对于不具备基本条件的企业不予发放生产许可证，不准许其进行生产。但是，只把控住这一关并不能保证所有进入市场的全都是合格的产品，还需要采取一系列的事后监督管理措施，这些措施包括实行强制的检验

制度、合格产品标识制度、许可证年审制度和日常的监督检查等，对于违反规定的企业还要依法进行处罚，也就是说，要保证食品的质量品质和安全性，事先的保证和事后的监督缺一不可，两者要进行有机结合。

（2）实行分类管理、分步实施的原则

食品的种类纷繁复杂，对于人身安全的危害程度也各不相同。如果同时对所有的食品都采用同一种模式进行管理，是不科学且不必要的，还会降低有关部门的行政效率。因此，有必要按照食品的安全要求程度、生产量的大小、与老百姓生活的相关程度，以及目前存在问题的严重程度，区分轻重缓急，实行分类分级管理，由国家质检总局分批确定并公布实施食品生产许可证制度的产品目录，逐步加以推进。

（3）实行国家质检总局统一领导，省局负责组织实施，市局、县局承担具体工作的组织管理原则

由于目前我国的食品生产企业很多而且分布很广、规模差异很大，但各地的有关监督部门的装备和能力水平都参差不齐，推行的食品质量安全市场准入制度应该采取国家统一管理、省统一组织的管理模式。国家质检总局应当负责组织、指导和监督全国的食品质量安全市场准入制度的实施情况。而省级质量技术监督部门则应该按照国家质检总局的相关规定，负责组织和实施在本行政区域内的所有食品质量监督管理工作。而市（地）级以及县级的质量技术监督部门则应该主要承担起具体的实施工作。

### 三、实习身份证制度

食品产品"从农田到餐桌"的过程中，要经过包括生产加工企业、配送中心、销售流通企业等在内的许多环节，食品供给体系变得越来越复杂化和国际化。食品的产业链条非常长，在每一个环节中，食品都有可能会被污染。虽然对于农产品、食品工业和餐饮业的大公司、大企业的管理会容易一些，但对农户、个体生产户和小摊小贩的食品安全问题进行有效管理依旧比较难。解决此问题的根本在于实施食品身份证制度，例如，蔬菜的产出地、使用的农药、食品添加剂的名称和出处等，即将食品的生产信息均显示在其标签上，并对种植业和养殖业产品建立信息档案并纳入风险数据库系统中。实行身份证制度，便于对产品的市场状况、生产、销售、食品贮藏加工、流

通、消费的各个环节进行跟踪记录，保证产品质量的可追溯性，有利于社会信誉的监管和建立。

### 四、责任追究制度

在食品安全管理过程中，单靠自觉行为是不现实的，应在加快食品安全立法工作、制定食品安全处罚条例和细则的同时，加大对涉事企业的处罚力度，尤其是对于制售假冒伪劣产品的企业和对广大人民群众的身体健康造成了严重伤害的相关企业和经营者，更要制定严格的处罚规定，并加大刑事追究力度，真正让百姓吃上放心的食品。

# 第六章　食品安全检验

食品检验，是指食品检验机构根据有关国家标准，对食品原料、辅助材料的质量和安全性进行的检验，是确保食品安全的重要技术支撑。在食品安全监管工作中，行政监督和技术监督犹如车之两轮，鸟之双翼，缺一不可。良好的食品安全管理需要客观、公正、科学高效的食品检验。一旦食品检验中出现失误，甚至虚假行为，将会对我国食品安全体系造成重大损失。因此，新修订的《食品安全法》在第五章《食品检验》中对食品检验机构的资质认定、管理制度等内容做出明确规定，并把确保检验结果的准确、公正作为重中之重。

# 第一节　食品安全检验概述

食品安全依靠食品检验进行保障，食品的卫生和安全质量通过食品感官检测、食品营养成分及污染物检测、食品质量保障合格情况检测等进行评价。国家食品检验体系的水平和能力将会影响社会的稳定和人民的安全，因此构建以食品安全为核心的食品安全检验体系是必要的。食品安全检验是对某区域或者某品种食品进行抽样检测并最终形成判断。

食品安全检验具有明确的计划和目的，抽检方式具有科学性，这样才能够全面地反映某地区的食品安全情况，检验结果能够客观反映市场上食品的优劣情况，对于优质产品的保护工作具有重大帮助，能够帮助有效消除食品安全隐患。做好食品检验是我国社会主义和谐社会构建的客观需要，所谓民以食为天，保障食品的安全能够保障人民群众的生命健康，维护社会的和谐稳定。我国目前正处于社会主义初级阶段，只有食品安全得到了保障，才能有效建设社会主义和谐社会。食品安全检验能够提高政府食品安全科学监管水平，是政府公共服务职能的一部分。通过食品安全检验，收集食品安全资料，掌握食品安全隐患问题，为食品提供安全保障。

# 第二节　食品检验机构与食品检验人

## 一、食品检验和食品检验机构

食品检验，是对食品原料、辅助材料、成品的质量和安全性进行的检验，包括对食品理化指标、卫生指标、外观特性以及外包装、内包装、标志等进行检验。食品检验方法主要有感官检验法和理化检验法。食品检验是保证食品安全，加强食品安全监督的重要技术支撑，是食品安全法律制度中的重要制度之一。

食品检验的意义在于尽早发现问题，消除食品安全隐患。如果只依赖监管部门在食品上市后进行检验，就难以有效防控食品安全风险。所以，食品检验应该贯穿食品生产流通的全过程。

　　新《食品安全法》在多处规定了食品检验。第一，为了保证食品源头的安全，新法要求食品生产者在对食品原料、食品添加剂、食品相关产品进行采购时，必须查验供货者的许可证和产品合格证明文件。如果供货者不能提供该食品原料的合格证明，那么必须依据食品安全标准，对该原料进行检验。如果食品生产者没有设立自己的检验机构或者不具备检验能力，应当委托依法设立的食品检验机构进行检验。第二，为了保证成品安全，新法要求食品生产者按照食品安全标准对所生产的食品、食品添加剂和食品相关产品进行检验，形成食品出厂检验制度，只有在检验合格后，才能够出厂或者销售。第三，食品检验是指食品安全监管部门应当定期或者不定期对生产经营者所生产、销售的食品进行抽检。所抽取的样品应当委托依法设立的食品检验机构进行。检验结论是执法机关对相关人员做出行政强制、行政处罚的重要依据。

　　食品原料的重要输出窗口之一是食用农产品批发市场，对进入食用农产品批发市场的食用农产品进行抽样检验；对其中不符合食品安全标准的产品，应立即停止销售，并报告给食品安全监督管理部门。

　　食品生产企业作为食品原料的直接消费者，对食品原料安全有监控、检验的责任。许可证和产品合格证明是食品生产企业在采购、进货时应该进行查验的证件，如果无法提供许可证和产品合格证明时，食品生产企业应当按照食品安全标准进行检验；不得采购或者使用不符合食品安全标准的食品原料、食品添加剂、食品相关产品。对已经购入的食品原料、食品添加剂等产品，应当对产品的名称、规格、数量、生产日期或者生产批号、保质期、进货日期以及供货者名称、地址、联系方式等进行记录，并保存相关凭证。同样，食品生产企业应当建立食品出厂检验记录制度，对所生产的食品、食品添加剂、食品相关产品进行检验，检验合格后方可出厂或者销售，记录相关检验内容并保存凭证。食品生产企业和食用农产品批发市场可以自行对所生产的食品进行检验，也可以委托有合法资质的食品检验机构进行检验。

　　在食品进口环节，由于各国食品安全标准不同，食品需要经过较长时间的运输、仓储过程，在这一环节中，食品安全检验更加重要。向我国境内出口食品的国家（地区），应当由国家出入境检验检疫部门评估和审查这些国家（地区）的食品安全管理体系和食品安全状况，并根据这些评估和审查结果，确定相应的检验检疫要求。进口的食品、食品添加剂应当依照进出口商品检验相关法律、行政法规的规定，由出入境检验检疫机构检验，检验合格后才允许进口。另一方面，由我国生产加工的食品，若想要出口，也应主动进行食品安全检验，出口的食品生产企业应当保证其出口食品符合进口国（地区）的标准或者合同要求。

食品上市后，应当对食品进行定期或者不定期的抽样检验，这一行为由县级以上人民政府食品安全监督管理部门执行，依据有关规定公布检验结果，不得实行免检。有关部门在进行抽样检验时，应当购买抽取的样品，并委托符合规定的食品检验机构进行检验，支付相关费用，不得收取检验费和其他费用。

此外，新法鼓励食品行业协会、消费者协会、消费者等对食品安全行使监督权。以上组织和消费者需要进行食品检验的，可以委托符合规定的食品检验机构。

当发生食品安全事故时，县级以上人民政府食品安全监督管理部门应当立即会同同级卫生行政、农业行政、质量监督等部门进行调查处理，调查食品安全事故，封存可能导致食品安全事故的食品及其原料，并立即进行检验。

通过以上可以看出，食品检验机构是承担食品检验的重要力量。2010年9月15日中国国家认证认可监督管理委员会（以下简称国家认监会）发布的《食品检验机构资质认定评审准则》中所指出的食品检验机构，是指依法设立或者经批准，从事食品检验活动并向社会出具具有证明作用的检验数据和结果的检验机构[110,111]。

1. 对食品检验机构的资质认定

食品检验工作十分重要，且技术性强，需要通过制度来保证食品检验工作的科学性、公正性和客观性。首先要从食品检验机构的资格入手，设立准入门槛，保证检验机构有足够的技术能力、人员配备和场所进行食品检验工作。应当说，在我国目前食品安全形势较为严峻，食品检验机构良莠不齐，市场秩序比较混乱的情况下，必须对食品检验机构进行资质认定。食品检验机构从事食品检验活动前，应当按照国家有关认证认可的规定，依法取得资质认定。

2010年8月5日，国家质量监督检验检疫总局（以下简称国家质检总局）发布了《食品检验机构资质认定管理办法》，其中规定，食品检验机构资质认定由国家质检总局统一管理。食品检验机构资质认定，是指依法对食品检验机构的基本条件和能力，是否符合食品安全法律法规的规定以及相关标准或者技术规范要求实施的评价和认定活动。

2015 年 6 月 19 日，国家质量监督检验检疫总局发布了《国家质量监督检验检疫总局关于修改〈食品检验机构资质认定管理办法〉的决定》。

2. 食品检验机构资质认定条件

2015 年 9 月 29 日，国家认监委发布了《国家认监委关于实施食品检验机构资质认定工作的通知》。2016 年 8 月 17 日，原国家食品药品监管总局联合国家认监委发布了《食品药品监管总局国家认监委关于印发食品检验机构资质认定条件的通知》。

《食品检验机构资质认定条件》（以下简称《资质认定条件》）共分八章三十一条，对食品检验机构应当具备的基本条件做出了明确规定，主要要求食品检验机构在以下几个方面达到标准：组织、管理体系、检验能力、人员、环境和设施、设备和标准物质等。同时要求地方各级食品安全监管部门和质量技术监督局（市级监督管理部门）加强对《资质认定条件》的宣传贯彻，督促相关食品检验机构尽快达到《资质认定条件》的要求。《资质认定条件》的发布，将通过规范检验工作行为，推动食品检验机构及其检验人员提高技术能力，从而有效提高食品检验工作的诚信力和公正性。

3. 食品检验工作规范

为规范食品检验工作，根据《中华人民共和国食品安全法》第八十四条的有关规定，原国家食品药品监督管理总局组织制定了《食品检验工作规范》（以下简称《规范》）并于 2016 年 12 月 30 日印发。此前相关部门发布的食品检验工作规范文件与本《规范》不一致的，以本《规范》为准。《食品检验工作规范》共分七章四十三条，并附《食品检验计算机与信息系统要求》。

2017 年 1 月 24 日，原国家食药监总局办公厅发布了《国家食药监总局办公厅关于执行〈食品检验工作规范〉有关事项的通知》。

4. 食品检验报告的效力

《食品检验机构资质认定评审细则》对从事食品检验机构资质认定的评审做出规定。由此规定可以看出，食品检验报告具有证明效力。证明效力主要体现在：一是食品生产经营者委托食品检验机构对原料、成品进行检验。出具的检验合格证对消费者来说具有证明该产品合格的证明效力。二是食品安全监督管理部门委托食品检验机构对抽检的样品或者可能导致食品安全事故的食品及其原料进行检验，所出具的食品检验报告是食品安全监督管理部门责令食品生产经营者召回或者进行行政处罚的依据。

我国食品检验机构主要分布在卫生、农业、质检、商务、工商行政管理等部门，以及粮食、轻工、商业等行业。食品检验机构无论是接受食品生产经营者的委托还是执法部门的委托，都是要收取费用的。因此，不排除有的执法部门就委托本系统的食品检验机构进行检验，也不排除存在有的执法部门强令食品生产经营者委托本系统的食品检验机构进行检验的不正当竞争行为。为了杜绝以上不公平竞争的行为，本条第三款规定：符合本法规定的食品检验机构出具的检验报告具有同等效力。

5. 对食品检验资源进行整合

我国食品检验机构有官办的也有民办的。而且由于过去对食品安全实行分段式监管，官办的食品检验机构有的是原卫生、原食药监部门设立的，有的是农业、质检、商务、工商行政管理等部门设立的。食品安全监管体制调整后，有必要对原隶属于各个监管部门举办的食品检验机构进行整合。2013 年的《国务院机构改革和职能转变方案的决定》明确提出重新组建国家食品药品监督管理总局，整合食品检验资源，实现资源共享。

## 二、食品检验人

检验结论要做到客观公正对于保证食品安全至关重要，也是食品检验工作的基本要求和价值所在。一旦食品检验过程中出现失误，甚至虚假行为，就有可能直接威胁到广大人民群众的身体健康和生命安全，也可能给食品生产企业造成重大损失。通过对检验人提出要求，来保证检验结果的客观公正。食品检验人是食品检验的直接执行者，检验人能否严格依法履行职责，对于检验结果的客观公正至关重要[112]。

食品检验是指运用科学的检验技术和方法，对食品安全特性进行测量、检查、试验、计量，并比较这些特征与法律、法规、食品安全标准等规定的要求，从而确定食品安全特性与其是否符合的评定活动，食品检验是一项科学性、技术性、规范性很强的工作，是食品安全监督管理的基础，为食品安全监督管理提供科学依据，为防止食品污染，减少食物中毒等食源性疾病发挥了积极作用。食品检验是保证食品安全的关键环节，同时也是食品安全监管的重要技术支撑。食品检验对保护企业、消费者的合法权益，维护正常的市场经济秩序等都具有十分重要的意义。良好的食品安全管理需要严格、训练有素、高效、客观公正的食品检验服务。

1. 食品检验人员相对独立的检验权

根据该款规定，食品检验必须由检验人进行，食品检验人由食品检验机构指定，检验人进行食品检验时应当独立进行。本款赋予了检验人独立的检验权，以防止食品检验机构不独立所带来的负面影响。这种"独立"，就是要求检验机构及有关单位和个人不能非法干扰检验人依法进行的检验活动，目的是防止检验人在检验过程中受他人干预，以确保食品检验的独立性、客观性、公正性。这种独立性是与检验工作的特点相符合的食品检验工作，是技术性、科学性很强的事物，很多工作需要独立完成。独立检验权是实行检验人责任制的基础，有了独立检验权才能明确责任承担。

2. 食品检验人的工作要求

检验人应当依照有关法律、法规的规定，按照食品安全标准和检验规范检验食品，尊重科学，恪守职业道德，保证检验数据和结论的客观性、公正性，不得出具虚假检验报告。一些部门规章对此作了进一步的规定，如《食品检验机构资质认定管理办法》。

## 三、检验机构与检验人负责制

食品检验实行食品检验机构与检验人共同负责制。食品检验报告应当加盖食品检验机构公章，并有检验人的签名或者盖章。食品检验机构和检验人对出具的食品检验报告负责。

规定食品检验机构与检验人员共同负责，是新法赋予检验人独立检验权的延续，有利于提高检验人的职业地位，发挥其主观能动性，也有利于在食品检验机构和检验人之间形成制约机制，这将有利于促进我国食品检验水平的提高，保证我国食品安全。

## 四、食品检验机构资质认定条件与评审准则

1. 食品检验机构资质认定条件

2016 年 8 月 17 日，原国家食品药品监管总局联合国家认监委发布了《食

品药品监管总局 国家认监委关于印发食品检验机构资质认定条件的通知》。

2. 食品检验机构资质认定评审准则

2016 年 9 月 7 日，国家认监委发布了《国家认监委关于宣布失效一批文件的公告》。根据国务院的决策部署以及质检总局的有关工作精神，为进一步深入推动简政放权、放管结合、优化服务向纵深发展，国家认监委对历年来印发的文件进行了清理，决定宣布失效一批已不适应经济发展需要的文件。《食品检验机构资质认定评审准则》在宣布失效的文件目录中。

2015 年 9 月 29 日发布的《国家认监委关于实施食品检验机构资质认定工作的通知》中指出，对食品检验机构进行资质认定评审时，需同时依据《检验检测机构资质认定评审准则》和《食品检验机构资质认定评审准则》。

根据 2015 年 6 月 19 日修订的《食品检验机构资质认定管理办法》第十六条有关规定，预计国家相关部委会在废止的《食品检验机构资质认定评审准则》的基础上，制定新的《食品检验机构资质认定评审准则》。

3. 一些术语和定义

（1）资质认定

国家认证认可监督管理委员会和省级质量技术监督部门依据有关法律法规和标准、技术规范的规定，对检验检测机构的基本条件和技术能力是否符合法定要求实施的评价许可。

（2）检验检测机构

依法成立，依据相关标准或者技术规范，利用仪器设备、环境设施等技术条件和专业技能，对产品或者法律法规规定的特定对象进行检验检测的专业技术组织。

（3）资质认定评审

国家认证认可监督管理委员会和省级质量技术监督部门依据《中华人民共和国行政许可法》的有关规定，自行或者委托专业技术评价机构，组织评审人员，对检验检测机构的基本条件和技术能力是否符合《检验检测机构资质认定评审准则》和评审补充要求所进行的审查和考核。

## 第三节　食品安全检验制度与要求

随着食品工业的快速发展，科研院所、高等院校甚至一些企业等非政府机构开始涉足食品安全检验领域，并且不断发展壮大，形成了食品安全检验强劲的新生力量。但由于现行的食品安全监管体系存在诸多的问题和不足，限制了非政府机构发挥食品安全检验的积极作用，不利于食品安全检验市场的形成。因此，改革和完善我国当前的食品安全监管体系，特别是食品安全检验制度十分重要。

我国食品安全检验有很多长期存在的问题，其根本原因在很大程度上是由于食品检验资源未很好地整合，没有对食品检验进行适时的市场化改革。通过修订法律确定食品安全检验的资源整合和市场化改革，极大地推动了我国食品检验的健康快速发展，满足社会对食品检验的巨大需求[113]。食品安全监督抽检复检制度是保障我国食品安全的最后一环，是保障我国合法食品生产企业切身利益的最后关口，是我国食品公共安全的重要保证[114]。

## 一、监督抽检

### 1. 不得实施免检

2008 年 9 月 18 日，在多个属于"国家免检产品"的奶制品被检出含有三聚氰胺，导致许多婴幼儿患肾结石后，国务院办公厅发决定废止《国务院关于进一步加强产品质量工作若干问题的决定》中有关食品质量免检制度的内容。同日，废止《产品免于质量监督检查管理办法》。至此，实行多年的食品免检制度宣告结束。

免检制度，是指依据《产品免于质量监督检查管理办法》，对符合规定的产品，在三年内免于各级政府部门的质量监督抽查的制度。1999 年，《国务院关于进一步加强产品质量工作若干问题的决定》规定实行免检制度，在一定时间内免于各地区、各部门各种形式的检查。2000 年 3 月，原国家质量技术监督局发布《产品免于质量监督检查管理办法》，规定在免检有效期内，各级政府部门以及流通领域均不得对其进行质量监督检查。2001 年 12 月，国家质检总局颁发新的《产品免于质量监督检查管理办法》，规定免检产品 3 年内免于各级政府部门的质量监督抽查。

设立免检制度初衷是避免重复检查，防止地方利益保护和行业垄断，减轻企业负担，鼓励企业自律保证产品质量。但从实施效果来看，免检食品的安全情况确不令人满意。食品直接关系到人民群众的身体健康和生命安全，不应当实行免检。政府应当对食品安全进行严格监管，不能让企业在政府免予检验的担保下，损害政府的威信。因此，新法明确规定，食品安全监督管理部门对食品不得实施免检。

2. 关于食品安全抽样检验制度

2014 年 12 月 31 日，原国家食品药品监督管理总局发布了《食品安全抽样检验管理办法》。《食品安全抽样检验管理办法》分七章五十二条，自 2015 年 2 月 1 日起施行。

为规范国家食品药品监督管理总局食品安全监督抽检和风险监测（以下简称抽检监测）工作，保证工作程序合法性、科学性、公正性和统一性，原国家食品药品监督管理总局办公厅于 2014 年 3 月 31 日发布了《食品安全监督抽检和风险监测工作规范（试行）》。

2015 年 3 月 3 日，原国家食品药品监管总局办公厅加急发布了《食品药品监管总局办公厅关于印发食品安全监督抽检和风险监测工作规范的通知（加急）》。目的是保证食品安全监督抽检和风险监测工作规范、有序实施。

2014 年原国家食品药品监管总局办公厅发布了《食品安全监督抽检和风险监测实施细则（2014 年版）》，为进一步规范食品安全监督抽检工作，2017 年 2 月 21 日发布了《国家食品安全监督抽检实施细则（2017 年版）》。

2014 年 4 月 17 日，原国家食品药品监督管理总局发布了《食品安全监督抽检和风险监测承检机构工作规定》。为加强对承担食品药品监管总局食品药品监督抽检和风险监测任务检验机构（以下简称承检机构）的管理，规范承检机构的检验行为，食品药品监管总局组织研究制定了《食品安全监督抽检和风险监测承检机构工作规定》。《食品安全监督抽检和风险监测承检机构工作规定》共十七条。

2015 年 6 月 8 日，原国家食品药品监管总局发布了《食品药品监管总局关于做好食品安全抽检及信息发布工作的意见》。为进一步加强食品安全抽检监测工作，根据《国务院办公厅关于印发 2015 年食品安全重点工作安排的通知》要求和《国家食品药品监督管理总局 2015 年工作要点》安排，提出了一些意见。

2016 年 12 月 29 日，原国家食品药品监管总局办公厅发布了《食药总局办公厅关于印发食品补充检验方法工作规定的通知》。食品药品监管总局制定了《食品补充检验方法工作规定》，进一步加强了食品补充检验方法管理，规范食品补充检验方法相关工作程序。该规定根据《食品安全抽样检验管理办法》制定。该规定在否定免检制度的同时，明确规定对食品的检验采取定期或者不定期的抽样检验方式。抽样检验是对食品安全进行监督检查的一种主要方式。

（1）抽样检验的主体

县级以上人民政府对食品安全监督管理部门对食品进行定期或者不定期的抽样检验，包括对食品生产、食品销售、餐饮服务活动环节的食品进行抽样检验。

（2）抽样检验的方式

食品安全抽样检验包括定期和不定期的抽样检验两种。定期检验主要是指监管部门根据监管工作的需要，做出明确规定和安排，在确定的时间，对食品进行抽样检验。如《产品质量国家监督抽查管理办法》规定，国务院质量监督部门"定期实施的国家监督抽查每季度开展一次"。不定期检验主要是针对特定时期的食品安全形势、消费者和有关组织反映的情况，或者因其他原因需要在定期检验的基础上，不定期地对某一类食品、某一生产经营者的食品，或者某一区域的食品，进行抽样检验。定期检验和不定期检验的最大区别是实施抽样检验的时间是否确定，定期检验一般是常规的工作安排，不定期检验具有一定的灵活性，有利于迅速检查发现问题，及时排除食品安全隐患。

（3）抽样的范围和对抽取样品的保存

抽样的范围是食品生产者成品库待销产品、食品经营者仓库用于经营的食品，实行随机抽样，食品生产经营者不能自行提供样品。抽样数量原则上应满足检验和复检的要求。

抽取的样品应当现场封样。复检备份样品应当单独封样，由承检机构保存。抽样人员应采取有效的防拆封措施，样品应由抽样人员、被抽样食品生产经营者确认并签字或盖章。

（4）抽取样品的费用

抽样产生的有关费用应当由国家财政拨付，向食品生产经营者支付费用。

（5）对抽取的样品进行检验

县级以上人民政府食品安全监督管理部门对抽取的样品，有的凭执法人员的感官就能做出判断，但对致病性微生物、农药残留、兽药残留、生物毒素、重金属等污染物质以及其他危害人体健康的物质的含量是否符合食品安全标准的规定，需要由食品检验机构进行检验得出结果。所以县级以上人民政府食品安全监督管理部门在执法工作中需要对食品进行检验的，应当委托符合新法规定的食品检验机构进行。

（6）检验费用

前文提到，对食品实施抽样检验，是食品安全监督管理部门代表国家对食品安全进行监督检验的执法行为，其执法过程所需要的有关费用应当由国家财政拨付，不得向被抽检的食品生产经营者收取检验费和其他费用，而应当由委托的食品安全监督管理部门向受托的食品检验机构支付费用。如果向被抽检的食品生产经营者收取检验费等费用，不仅会增加被抽检人的负担，而且不利于保证检验结果的客观、公正。

（7）公布检验结果

检验结果，特别是所抽取的样品经过检验得出不合格检验结论的，事关广大消费者的生命安全和健康，因此，食品安全监督管理部门应当依据有关规定公布检验结果。

## 二、复检

### 1. 复检的意义

执法机关责令食品生产经营者召回问题食品，或对食品生产经营者采取行政强制措施或进行行政处罚，应当以监督抽检不合格的检验结论作为依据。依照《食品安全抽样检验管理办法》的规定，食品生产经营者收到监督抽检不合格结论后，应当进行以下行为：① 立即封存库存问题食品；② 暂停生产、销售和使用问题食品；③ 召回问题食品等措施控制食品安全风险；④ 排查问题发生的原因并进行整改；⑤ 及时向住所地食品安全监督管理部门报告处理相关情况。食品安全监督管理部门应当起到监督履行规定义务的责任，特别是食品生产经营者不按规定及时履行前款规定的义务时。因此，监督抽查不合格的检验结论，关系到食品生产经营者的切身利益，为了维护食品生产经营者的合法权益，需要从法律上提供救济途径，这是复检制度的意义所在[115]。

2. 对一般检验的复检

（1）申请复检的期限

依照法律，经历抽检的食品生产经营者和标称的食品生产者，从收到不合格检验结论之日起的 5 个工作日内，可以按照规定提出书面复检申请，并说明理由。

在立法过程中，有些食品生产企业提出 5 个工作日的时间太短。因为企业不能盲目申请复检，有些情况下企业需要自己先行检验一下，在比较有把握的情况下再申请复检，且产品质量法规的复检期限是 15 个自然日，因此建议适当延长。经过研究，5 个工作日的申请复检期限确实太短，因此将申请复检的期限确定为 7 个工作日。

（2）申请复检

按照《食品安全抽样检验管理办法》规定，复检申请人可以向任何有资质的检验机构申请复检，只是第三十四条第二款原则性地提出复检机构与复检申请人不得存在利害关系。在复检机构同意复检申请之日起，复检申请人应当提交复检机构名称、资质证明文件、复检申请书、复检机构同意复检申请决定书等材料，提交部门为组织开展监督抽检的食品安全监督管理部门或者其上一级食品安全监督管理部门，有效时间为 3 个工作日。

（3）复检机构

为了保证复检的公正性，复检机构名录不是由某个人或某个部门单独制定的，而是由多个部门共同制定，其中包括国务院认证认可监督管理、食品安全监督管理、卫生行政、农业行政等。这意味着并不是任何一家有资质的食品检验机构都可以成为复检机构。

提出复检申请后，由受理复检的食品安全监督管理部门在公布的复检机构名录中随机确定复检机构进行复检，但复检机构与初检机构不得为同一机构。随机确定复检机构，有利于保证复检结果的公正性。

3. 对食用农产品快速检测结果的复检以及对其他食品快速检测结果的复检

对食用农产品快速检测结果的复检，可以自食用农产品销售者收到检测结果后 7 个工作日内申请复检。食品安全监督管理部门可以采用国家规定的快速检测方法对进入市场销售的食用农产品进行快速检测。

4. 复检结论的效力

本条规定，复检机构出具的复检结论为最终检验结论。"最终检验结论"

是指行政机关对相对人做出行政行为的最终依据。如果食品生产经营者对监管部门做出的行政强制、行政处罚不服，有权依法向人民法院提起行政诉讼。法院在审理过程中要对被告行政机关提供的检验结论等证据进行审查，这个检验结论可能不被法院所采信，因此"最终检验结论"只是行政程序中的，而未必是司法程序中的。

需要讨论的问题是：如果初检结论或者快速检测结果表明被抽查的食品或者食用农产品不符合食品安全标准，在被抽查人提出异议并申请复检的情况下，监管部门能否以初检结论或者快速检测结果作为依据，对被抽查人做出行政处罚？新法第一百一十二条规定，采用国家规定的快速检测方法对食品进行抽查，检测的结果确定有关食品不符合食品安全标准的，可以作为行政处罚的依据。那么，监管部门就能够以这个快速检测结果做出行政处罚吗？

《食品安全抽样检验管理办法》规定，初检结论或者快速检测结果表明被抽查的食品或者食用农产品不符合食品安全标准的，监管部门不能对被抽查人进行罚款等行政处罚。行政法一般理论认为，责令履行、责令召回等不属于行政处罚的种类，因为履行的行为按照法律规定本属于当事人应自觉履行的行为，如果当事人不自觉履行的，监管部门做出责令其履行的决定没有增加当事人的义务，也没有减损当事人的权利，所以不属于行政处罚的种类。因此，即使初检结论或者快速检测结果表明被抽查的食品或者食用农产品不符合食品安全标准，监管部门也不能以此为依据对被抽查人进行行政处罚。《食品安全抽样检验管理办法》规定，地方食品安全监督管理部门收到监督抽检不合格检验结论后，应当及时对不合格食品及其生产经营者进行调查处理。由此也可以得出一个结论：初检结论或者快速检测结果表明被抽查的食品或者食用农产品不符合食品安全标准，被抽检人提出异议并申请复检的，复检结论作为最终检验结论，监管部门只能以复检结论作为依据对被抽查人进行行政处罚。

## 三、自行检验和委托检验

### 1. 食品生产者自行检验、委托检验

（1）对食品原料的检验

按照《食品安全法》第五十条第一款规定，食品生产者采购食品原料，应当对供货者的许可证和产品合格证明进行查验。如果食品供货者不能提供

合格证明文件，应当对该食品原料进行检验，不得采购或者使用不符合食品安全标准的食品原料。如果不具备检验能力的，应当委托符合新法规定的食品检验机构进行检验。

（2）对食品的出厂检验

食品、食品添加剂和食品相关产品出厂后，应当按照食品安全标准对所生产的食品、食品添加剂和食品相关产品进行检验，只有在检验合格以后，才能出厂或者销售。未经检验或者检验不合格的，不得出厂销售。如果企业不具备产品出厂检验能力，那么应当委托有检验资质的检验机构，对出厂产品进行出厂检验。

（3）食品生产者自行检验的能力要求

自行检验需要食品生产者具备相应检验能力，满足以下要求：① 食品生产者有独立行使食品检验并具有质量否决权的内部检验机构；② 该内部检验机构有健全的产品质量责任以及相应的考核办法；③ 该内部检验机构具有相关产品的技术标准要求的检验仪器和设备，并且能够满足规定的精度、检测范围要求，且经过计量检定合格并在有效期内；④ 该内部检验机构满足检验工作需要的员工数量，进行检验操作的人员应当熟悉相关检验标准，并经培训获得考核合格证明；⑤ 该内部检验机构能够科学、公正、准确、及时地提供检验报告，出具产品质量检验合格证明。符合上述要求并可以完成全部出厂检验项目的企业，可以确定为企业具有检验能力。

（4）食品生产者委托检验机构进行检验

规模大的食品生产企业一般具备检验能力，但我国的食品生产企业呈现小和散的特点，多数食品生产企业为中小企业，往往不具备检验能力，有的对某些项目不具备检验能力，如对食品中的污染物质、致病性微生物等。在这种情况下，委托符合新法规定的食品检验机构对食品进行检验。

2. 有关社会组织、消费者的委托检验

食品行业协会一般由多个相关企业组成，其中包括食品生产企业、经销企业、原料供应企业及食品机械、包装等，属于非营利性社会团体法人。食品行业协会进行行业自律，主动对所属企业生产的食品进行检验，或者对监管部门进行的食品检验结果存有异议，食品行业协会协助企业进行检验的，应当委托符合新法规定的食品检验机构进行检验。

消费者协会和其他消费者组织是依法成立的对商品和服务进行社会监督

的保护消费者合法权益的社会组织。《消费者权益保护法》规定，消费者协会履行的公益性职责之一，就是要受理消费者的投诉，并对消费者的投诉事项进行调查、调解。在消费者的投诉事项涉及的问题中，关于商品和服务质量问题的投诉可委托具备资格的鉴定人鉴定，鉴定人应当告知鉴定意见。由此可见，消费者协会和其他消费者组织也可以就消费者所购买的食品对食品检验机构进行检验，其中，该食品检验机构应符合新法规定。

消费者对自己所购买的食品感到不安全时，也可以委托符合新法规定的食品检验机构进行检验。如果经过检验得出不符合食品安全标准的结论的，可以作为维权的证据，与食品生产经营者协调解决赔偿问题，或者通过仲裁、诉讼的途径解决纠纷。

## 四、食品添加剂的检验

2013 年食品安全监管体制调整之前，食品添加剂被作为工业产品分类，由国家质量监督部门负责食品添加剂生产的监督管理工作。食品安全监管体制调整之后，由原国家食品药品监督管理部门负责食品添加剂的生产、销售、使用的监督管理工作。

食品和食品相关产品中的致病性微生物、农药残留、兽药残留、重金属等污染物质、其他危害人体健康物质需要依照食品安全标准进行检验并作限量规定。县级以上人民政府食品安全监督管理部门有权对生产经营的食品添加剂进行抽样检验。

## 五、法律责任

食品检验机构和食品检验人员承担着对食品进行依法检验的职责。食品检验是食品安全执法的重要依据，食品安全监督管理部门在日常的执法中，如果发现生产经营的食品可能存在安全问题的，需要将有可能存在问题的食品送到食品检验机构进行检验，如果经检验发现食品确实不符合食品安全标准的，则执法机关应当对当事人给予处罚[116]。所以，食品检验机构所出具的检验结论是食品安全执法的重要依据。对于食品检验机构、食品检验人员出具虚假检验报告的，本条规定的法律责任包括以下几点。

（1）撤销检验资质

国家对食品检验实行许可制，没有获得食品检验资质就不得从事食品检验活动。食品检验机构会被撤销资质的情况有两种：① 食品检验机构、食品检验人员出具虚假检验报告；② 食品检验机构聘用不得从事食品检验工作的人员。授予食品检验机构资质的主管部门或者机构是撤销该食品检验资质的主体。如果食品检验机构的检验资质是由行政部门授予的，则由行政部门负责撤销；如果食品检验机构的检验资质是由国务院认证认可监督管理部门确定的认证认可机构授予的，则由该机构予以撤销。

（2）没收检验费用和罚款

没收违法所得、没收非法财物和罚款是《行政处罚法》规定的行政处罚种类，都属于财产处罚。违反新法规定，食品检验机构、食品检验人员出具虚假检验报告的，没收所收取的检验费用，并处检验费用5倍以上10倍以下罚款，检验费用不足1万元的，并处5万元以上10万元以下罚款。

（3）行政处分

行政处分是行政法律责任的内容。根据轻重程度，分为警告、记过、记大过、降级、撤职和开除等多个种类。食品检验机构、食品检验人员出具虚假检验报告的，依法对食品检验机构直接负责的主管人员和食品检验人员给予撤职或者开除处分；导致发生重大食品安全事故的，对直接负责的主管人员和食品检验人员给予开除处分。受到开除处分的食品检验机构人员，自处分决定做出之日起10年内不得从事食品检验工作；因食品安全违法行为受到刑事处罚或者因出具虚假检验报告导致发生重大食品安全事故受到开除处分的食品检验机构人员，终身不得从事食品检验工作。

在民事责任方面，食品检验机构出具虚假检验报告，使消费者的合法权益受到损害的，应当与食品生产经营者承担连带责任。

# 第四节　食品安全检验的常用技术

## 一、食品的感官与物理检验

### 1. 食品的感官检验

食品的感官检验是根据人的感觉器官对食品的各种质量特征的"感觉"，

如味觉、嗅觉、视觉、听觉等，并用语言、文字、符号或数据进行记录，再运用概率统计原理进行统计分析，从而得出结论，对食品的色、香、味、形、质地、口感等各项指标做出评价的方法。食品感官检验是一门实验性较强的学科，它是食品科学与工程专业、食品质量与安全专业的重要课程之一。食品感官检验是与理化检验、微生物检验并行的重要检测手段，是利用人的感觉器官，对食品的感官性状进行评价的方法。

食品应当无毒、无害，符合应有的营养要求，具有相应的色、香、味等感官性状。一些食品，如腐败变质、油脂酸败、霉变、生虫、污秽不洁，混有异物或者其他感官性状异常，可能对人体健康有害，是禁止经营销售的。这里所说的"感官性状异常"是指食品失去了正常的感官性状及出现的理化性质异常或者微生物污染等在感官方面的体现，或者说是食品发生不良改变或污染的外在警示。同样，"感官性状异常"不单单是判定食品感官性状的专用术语，而且是作为法律规定的内容和要求而严肃地提出来的。

食品质量的优劣最直接地表现在它的感官性状上，通过感官指标来鉴别食品的优劣和真伪，不仅简便易行，而且灵敏度高、直观实用，与使用各种理化、微生物的仪器进行分析相比，有很多优点，因此它是检验人员必须掌握的一门技能，消费者掌握这种方法也是十分必要的。应用感官手段来鉴别食品的质量有着非常重要的意义。

食品感官检验能否真实、准确地反映客观事物的本质，与多个方面有关。一方面与人体感觉器官的健全程度和灵敏程度有关，另一方面与人们对客观事物的认识能力有直接的关系。只有当人体的感觉器官正常，又熟悉有关食品质量的基本常识时，才能比较准确地鉴别出食品质量的优劣。

感官鉴别不仅能直接发现食品感官性状在宏观上出现的异常现象，而且能够敏锐地发觉到食品的感官性状发生的微观的变化。例如，食品中混有杂质、异物、发生霉变、沉淀等不良变化，人们能够直观地鉴别出来并做出相应的决策和处理，不需要进行其他的检验分析。尤其重要的是，当食品的感官性状只发生微小变化，甚至这种变化轻微到有些仪器都难以准确发现时，通过人的感觉器官，如嗅觉等却能给予应有的鉴别。可见，食品的感官质量鉴别有着理化和微生物检验方法所不能替代的优越性。在食品的质量标准和卫生标准中，第一项内容一般都是感官指标，通过这些指标不仅能够直接对食品的感官性状做出判断，而且还能够据此提出必要的理化和微生物检验项目，以便进一步证实感官鉴别的准确性。

感官检验具有非常多的特点，其检验方法比较简单，并且非常直观成本较低、在进行判决时非常快而且实用，此外，在非常短的时间就能够完成食品优劣以及食品真伪的检测，最终能够有效判断出食品的质量是否存在异常，这种方法在进行食品掺伪检验中起着非常重要的作用，能够检验出采用除此以外方法所不能检验出的关于食品质量所出现的一些极其细微的变化，并且对于一些特殊性污染也能够详细检验出，正是因为其具有以上这些特点，被广泛应用在食品质量监督的现场监测、食品的质量控制以及产品质量的改进与新品研发中。

食品感官检验具有以下意义。

（1）判断食品的可接受性。鉴别食品质量因感官检验不仅能直接对食品的感官性状做出判断，而且可察觉有无异常现象，并据此提出必要的理化检测和微生物检验项目，便于食品质量的检测和控制。

（2）检验食品质量：① 通过对食品感官性状的综合性检查，可以及时、准确地鉴别出食品质量有无异常，便于早期发现问题，及时进行处理，可避免对人体健康和生命安全造成损害。② 方法直观、手段简便，不需要借助任何仪器设备和专用、固定的检验场所以及专业人员。

（3）感官鉴别方法通常能够察觉其他检验方法所无法鉴别的食品质量特殊性污染的微量变化。

监测人员应用食品感官和物理检验进行现场监测应注意以下问题。

（1）必须熟悉食品质量安全监管的相关法律法规、政策，如《中华人民共和国食品卫生法》《中华人民共和国产品质量法》、食品市场准入制度、预包装食品标签通则以及我国规定的食品保质期限等。

（2）具有较高的理论造诣和丰富的实际工作经验，善于从包装、标签、标识识别假冒伪劣产品以及从产品的外观捕捉到产品内在品质的变化。

（3）熟悉食品标准，包括食品的感官指标、理化指标和微生物指标。熟悉各种食品的质量优劣等级的区别，能够根据产品的性状进行品质界定。

（4）了解检测技术的发展趋势和动态，掌握食品的检验技术和方法，仪器的使用操作熟练、准确。

2. 食品的物理检验

食品物理检验主要指的是由食品的相对密度以及折光率等一些物理常

数，与食品的含量关系及组成来对食品的纯度、新鲜度以及掺假情况进行有效检验。对于纯物理检验而言，其设备非常简单，并且操作起来非常方便，仪器也较便捷，可以随身携带，正是由于这些特点，被一些食品企业广泛应用在食品生产过程的日常分析以及质量控制中，在食品质量监督的现场监测中应用也极其广泛[117]。

3. 感官检验与物理检验的方法

1）外观检验法

（1）是否符合法律规定

在我国《中华人民共和国食品卫生法》中有明确的规定，主要从感官上来有效识别法律不允许生产与经营的产品：① 食物已经腐败变质、食物发生霉变、食品生虫以及食品污秽不干净等一些感官性状出现了异常的一些产品；② 没有经过兽医卫生进行检验的一些肉类；③ 容器的包装非常不干净，食品已经发生了非常严重的破损；④ 食品掺假掺伪，营养与卫生不能满足标准的食品；⑤ 已经超过保质期的食品。为了能够有效防止上述情况的出现，我国卫生部门以及一些政府部门专门对食品做出了明确的规定，严禁违规的食品出售。

就食品的保质期而言，我国一些轻工业部门重新做出了相关的规定，并且必须按照新规定来准确地执行。而对于一些已经与保质期接近的食品，必须限期销售。而对于处理品的处理方法则是在商品或者是已经进行包装的一些极其显著的部位进行"处理品"字样的明确标注。

（2）是否标注相关标志

为了能够有效地将国家的一些决定具体落实，一定要准确实行食品质量安全市场准入制度，从食品的生产源头抓起，有效保证食品的安全。并且我国已经针对许多食品制定了食品质量安全市场准入制度。

（3）是否符合相关要求

由食品标签通则来进行标签的仔细检查，检查其是否符合进行标注的一些相关要求，并且在标签上有无标注一些具有强制性的标志内容：如食品的名称、食品配料的清单、食品配料定量标示以及其他的一些基本强制性的表示内容等。

（4）包装装潢的检查

认真检查产品内外包装用料是否完好、制作工艺的水平是否高超、检查产品的包装上的一些字迹以及图案有无印刷的问题。通常来讲，对于真品，特别是一些名优的产品，其在产品的包装方面主要采用的是一些非常先进的机械设备，封口的位置非常平整光滑，没有褶皱或者是重封的痕迹。在产品的外包装或者是标签上的一些图案也没有模糊的现象，表现得非常清晰，其在做工方面极其精细、字体也清晰可见，在产品包装的边缘处也没有毛边的痕迹，并且产品整体的色彩也呈现出了饱和的状态，此外其套印非常准确，并且印刷非常精致。

（5）特殊标识的检查

当前鉴别一些产品的真伪的主要手段就是通过一些特殊标志来有效鉴别。

就目前我国市场上的一些防伪标识而言，主要有4种类型，分别为激光全息、荧光、温度以及隐形技术型。激光全息型即从不同的角度来认真观察图案或者是人物会出现的不同的颜色反应；荧光型防伪标志主要指的是采用特有的防伪鉴别灯来进行照射，之后会出现亮光，然后产生了一些文字或者是图案，如果不对其进行照射就无法观察到这些文字或者是图案；温度型防伪标志主要指的是在获得热量之后，就会产生明显的颜色变化；隐形技术型主要指的是在聚光灯或者是太阳光的一些照射下，之后会反射出来某种图案。上述所介绍的一系列防伪标志为当今市场上经常见到的一些防伪标志。除此之外，还研发出了最新的防伪技术，如激光综合防伪贴标等，同时也可以有效通过电话或者是网络来进行产品的验证。

2）感官性状检验方法

根据产品感官质量的好坏，通常可以将产品分成三个等级，分别为合格品、次质品以及劣质品。通常将合格品称为正常食品、优质品以及良质品，主要反映的是食品的各种感官性状都没有出现异常情况，全部符合国家的一些质量标准。通常将合格品又分成了三个级别，分别为一等、二等与三等品。次质品也被称为无害化食品，主要指的是其感官性状不能有效达到一些规定的指标，或者是感官性状出现了问题，即会对人们的身体健康造成危害，但是经过有效地处理后，所有的危害都可以被彻底清除或者是得到有效控制，最终不会对人们的身体健康造成任何威胁。而对于劣质品而言，其又被称为危害的健康食品，主要指的是会对人们的身体健康造成非常严重的危害。

食品感官检验以及物理检验在食品质量优劣现场监测中发挥着极其重要的作用，但是在进行检验工作的过程中我们仍然需要注意很多方面。必须能够详细了解食品质量安全监管的一些法律法规，并且能够根据食品的相关标准来进行品质的准确判定，认真研究检测技术的未来发展方向，最终能够有效掌握检验的具体方法，对检验仪器也能够进行熟练的操作，成功准确地完成检验工作[117]。

## 二、食品营养成分的检验

1. 水分含量的检验

食品中水分含量的检验一般分为四种方法[118]。

（1）直接干燥法。利用食品中水分的物理性质，在 101.3 kPa、101~105℃下采用挥发方法测定样品中干燥减少的重量，包括吸湿水、部分结晶水和该条件下能挥发的物质，再通过干燥前后的称量数值计算出水分的含量。

（2）减压干燥法。利用食品中水分的物理性质，在达到 40~53 kPa 后加热至 60±5℃，采用减压烘干方法去除试样中的水分，再通过烘干前后的称量数值计算出水分的含量。

（3）蒸馏法。利用食品中水分的物理化学性质，使用水分测定器将食品中的水分与甲苯或二甲苯共同蒸出，根据接收的水的体积计算出试样中水分的含量。本方法适用于含较多其他挥发性物质的食品，如香辛料等。

（4）卡尔·费休法。根据碘能与水和二氧化硫发生化学反应，在有吡啶和甲醇共存时，1 mol 碘只与 1 mol 水作用。卡尔·费休水分测定法又分为库仑法和滴定法。其中滴定法测定的碘是作为滴定剂加入的，滴定剂中碘的浓度是已知的，根据消耗滴定剂的体积，计算消耗碘的量，从而计量出被测物质水的含量。

2. 灰分的检验[119]

（1）食品中总灰分的测定。食品经灼烧后所残留的无机物质称为灰分。灰分数值系用灼烧、称重后计算得出。

（2）食品中水溶性灰分和不溶性灰分的测定。用热水提取总灰分，经无灰滤纸过滤、灼烧、称量残留物，测得水不溶性灰分，由总灰分和水不溶性灰分的质量之差计算水溶性灰分。

（3）食品中酸不溶性灰分的测定。用盐酸溶液处理总灰分，过滤、灼烧、称量残留物。

3. 食品酸度的检验[120]

（1）酚酞指示法。试样经过处理后，以酚酞作为指示剂，用 0.100 0 mol/L 氢氧化钠标准溶液滴定至中性，消耗氢氧化钠溶液的体积数，经计算确定试样的酸度。

（2）pH 计法。中和试样溶液至 pH 为 8.3 时所消耗的 0.100 0 mol/L 氢氧化钠溶液体积，经计算确定其酸度。

（3）电位滴定仪法。中和 100 g 试样至 pH 为 8.3 时所消耗的 0.100 0 mol/L 氢氧化钠溶液体积，经计算确定其酸度。

4. 脂肪的检验[121]

（1）索氏抽提法。脂肪易溶于有机溶剂，试样直接用无水乙醚或石油醚等溶剂抽提后，蒸发除去溶剂，干燥，得到游离态脂肪的含量。

（2）酸水解法。食品中的结合态脂肪必须用强酸使其游离出来，游离出的脂肪易溶于有机溶剂。试样经盐酸水解后用无水乙醚或石油醚提取，除去溶剂即得游离态和结合态脂肪的总含量。

（3）碱水解法。用无水乙醚和石油醚抽提样品的碱（氨水）水解液，通过蒸馏或蒸发去除溶剂，测定溶于溶剂中的抽提物的质量。

（4）盖勃法。在乳中加入硫酸破坏乳胶质性和覆盖在脂肪球上的蛋白质外膜，离心分离脂肪后测量其体积。

5. 碳水化合物的检验

碳水化合物是指单糖、寡糖、多糖等的总称，是提供能量的重要营养素。食品中碳水化合物的量可按减法或加法计算获得。减法是以食品总质量为 100，减去蛋白质、脂肪、水分、灰分和膳食纤维的质量，称为“可利用碳水化合物”；或以食品总质量为 100，减去蛋白质、脂肪、水分、灰分的质量，称为“总碳水化合物”。在标签上，上述两者均以“碳水化合物”标示。加法是以淀粉加糖的总和为“碳水化合物”。

6. 蛋白质的检验[122]

（1）凯氏定氮法。食品中的蛋白质在催化加热条件下被分解，产生的氨与硫酸结合生成硫酸铵。碱化蒸馏使氨游离，用硼酸吸收后以硫酸或盐酸标准滴定溶液滴定，根据酸的消耗量计算氮含量，再乘以换算系数，即为蛋白质的含量。

（2）分光光度法。食品中的蛋白质在催化加热条件下被分解，分解产生的氨与硫酸结合生成硫酸铵，在 pH4.8 的乙酸钠-乙酸缓冲溶液中与乙酰丙酮和甲醛反应生成黄色的 3，5-二乙酰-2，6-二甲基-1，4-二氢化吡啶化合物。在波长 400 nm 下测定吸光度值，与标准系列比较定量，所得结果乘以换算系数，即为蛋白质含量。

（3）燃烧法。试样在 900~1 200℃ 高温下燃烧，燃烧过程中产生混合气体，其中的碳、硫等干扰气体和盐类被吸收管吸收，氮氧化物被全部还原成氮气，形成的氮气气流通过热导检测器（TCD）进行检测。

7. 维生素的检验

（1）维生素 A、维生素 D 及维生素 E 的测定[123]

① 反相高效液相色谱法。试样中的维生素 A 及维生素 E 经皂化（含淀粉先用淀粉酶酶解）、提取、净化、浓缩后，C30 或 PFP 反相液相色谱柱分离，紫外检测器或荧光检测器检测，外标法定量。这一方法适用于维生素 A 及维生素 E 的测定。

② 正相高效液相色谱法。试样中的维生素 E 经有机溶剂提取、浓缩后，用高效液相色谱酰氨基柱或硅胶柱分离，经荧光检测器检测，外标法定量。这一方法适用于维生素 E 的测定。

③ 液相色谱-串联质谱法。试样中加入维生素 $D_2$ 和维生素 $D_3$ 的同位素内标后，经氢氧化钾乙醇溶液皂化（含淀粉试样先用淀粉酶酶解）、提取、硅胶固相萃取柱净化、浓缩后，反相高效液相色谱 C18 柱分离，串联质谱法检测，内标法定量。这一方法适用于维生素 D 的测定。

④ 高效液相色谱法。试样中的维生素 $D_2$ 或维生素 $D_3$ 经氢氧化钾乙醇溶液皂化（含淀粉试样先用淀粉酶酶解）、提取、净化、浓缩后，用正相高效液相色谱半制备，反相高效液相色谱 C18 柱色谱分离，经紫外或二极管阵列检测器检测，内标法（或外标法）定量。如测定维生素 $D_2$，可用维生素 $D_3$ 作内标；如测定维生素 $D_3$，可用维生素 $D_2$ 作内标。这一方法适用于维生素 D 的测定。

（2）维生素 $B_1$ 的测定[124]

高效液相色谱法。样品在稀盐酸介质中恒温水解、中和，再酶解，水解液用碱性铁氰化钾溶液衍生，正丁醇萃取后，经 C18 反相色谱柱分离，用高效液相色谱-荧光检测器检测，外标法定量。

荧光分光光度法。硫胺素在碱性铁氰化钾溶液中被氧化成噻嘧色素，在紫外线照射下，噻嘧色素发出荧光。在给定的条件下，以及没有其他荧光物质干扰时，此荧光之强度与噻嘧色素量成正比，即与溶液中硫胺素量成正比。如试样中含杂质过多，应经过离子交换剂处理，使硫胺素与杂质分离，然后以所得溶液用于测定。

（3）维生素 $B_2$ 的测定[125]

高效液相色谱法。试样在稀盐酸环境中恒温水解，调 pH 为 6.0～6.5，用木瓜蛋白酶和高峰淀粉酶酶解，定容过滤后，滤液经反相色谱柱分离，高效液相色谱荧光检测器检测，外标法定量。

荧光分光光度法。维生素 $B_2$ 在 440～500 nm 波长光照射下发生黄绿色荧光。在稀溶液中其荧光强度与维生素 $B_2$ 的浓度成正比。在波长 525 nm 下测定其荧光强度。试液再加入连二亚硫酸钠，将维生素 $B_2$ 还原为无荧光的物质，然后再测定试液中残余荧光杂质的荧光强度，两者之差即为试样中维生素 $B_2$ 所产生的荧光强度。

（4）维生素 $B_6$ 的测定[126]

高效液相色谱法。试样经提取等前处理后，经 C18 色谱柱分离，高效液相色谱-荧光检测器检测，外标法定量测定维生素 $B_6$（吡哆醇、吡哆醛、吡哆胺）的含量。

微生物法。食品中某一种细菌的生长必须要有某一种维生素的存在，卡尔斯伯酵母菌在有维生素 $B_6$ 存在的条件下才能生长，在一定条件下维生素 $B_6$ 的量与其生长呈正比关系。用比浊法测定该菌在试样液中生长的浑浊度，与标准曲线相比较得出试样中维生素 $B_6$ 的含量。

（5）维生素 K1 的测定[127]

高效液相色谱-荧光检测法。婴幼儿食品和乳品、植物油等样品经脂肪酶和淀粉酶酶解，正己烷提取样品中的维生素 $K_1$ 后，用 C18 液相色谱柱将维生素 $K_1$ 与其他杂质分离，锌柱柱后还原，荧光检测器检测，外标法定量。水果、蔬菜等低脂性植物样品，用异丙醇和正己烷提取其中的维生素 $K_1$，经中性氧化铝柱净化，去除叶绿素等干扰物质。用 C18 液相色谱柱将维生素

$K_1$与其他杂质分离，锌柱柱后还原，荧光检测器检测，外标法定量。

液相色谱-串联质谱法。婴幼儿食品和乳品、植物油等样品经脂肪酶和淀粉酶酶解，用正己烷提取样品中的维生素 $K_1$后，用 C18 液相色谱柱将维生素 $K_1$与其他杂质分离，串联质谱检测，同位素内标法定量。水果、蔬菜等低脂性植物样品，用异丙醇和正己烷提取其中的维生素 $K_1$，经中性氧化铝柱净化，去除叶绿素等干扰物质。用 C18 液相色谱柱将维生素 $K_1$与其他杂质分离，串联质谱检测，同位素内标法定量。

8. 食品添加剂的检验

食品添加剂一般根据其来源和用途分类，我国一般采取按用途分类的方法，主要包括以下几种：（1）人工合成色素，是使食品染色后提高商品价值的一类呈色物质，分为天然色素和合成色素；（2）食品甜味剂，是指赋予食品以甜味的食品添加剂，有天然品和人工合成品两种；（3）食品抗氧化剂，能阻止和延缓食品氧化的食品添加剂，可提高食品的稳定性，延长存储期；（4）食品防腐剂，是指为防止食品腐败、变质，延长食品保存期，抑制食品中微生物繁殖的物质；（5）食用香料、食用增味剂和其他食品添加剂（抗结剂、漂白剂等）[128]。部分添加剂检验方法具体如下。

（1）人工合成色素

高效液相色谱法已成为检测人工合成色素的主要方法，由于其分离能力强，再结合可变波长的 DAD 检测器使检测有了更强的针对性。在各种人工合成色素的不同出峰时间，分别选用其最佳检测波长检测，可大大提高检测灵敏度，并有效克服 254 nm 处的梯度洗脱时造成的基线漂移，提高定量准确性。

（2）食品甜味剂

常见甜味剂，如糖精钠、天冬糖、乙酰磺胺酸钾（安赛蜜）、天门冬酰苯丙氨酸甲酯（甜味素）等，多采用高效液相色谱法、离子色谱法。

（3）食品抗氧化剂

目前高效液相色谱法是应用最广泛的检验方法，一般用正己烷、乙醚等非极性溶剂萃取，然后再用乙腈等极性溶剂进行液-液分配，取极性溶剂进行旋蒸浓缩定容过膜进行测定。这种方法可同时测定多种抗氧化剂的方法。

（4）食品防腐剂

食品防腐剂的测定主要应用气相色谱和高效液相色谱进行多种防腐剂的

同时测定。

食品添加剂的检测技术与方法近年来发展较为迅速，其中色谱技术已成为食品添加剂检测的重要手段。但多数检测方法普遍存在以下问题：① 由于食品基质较为复杂，几乎各种分析检测方法的样品前处理都略显烦琐，并且大多针对特定基质、处理方法的适用范围相对较窄。② 各种检测方法多数只能测定食品添加剂中的一种或少数几种，虽然有的检测方法可以做到几种添加剂同时检测，但种类有限。③ 色谱方法是目前测定方法的主体，但其不能作为最后确证结果的方法[129]。

### 9. 微量元素的检验

原子吸收分光光度法和电化学分析法是食品微量元素含量的主要检验方法[130]。

（1）原子吸收分光光度法。这种检验方法的优点表现在高灵敏度、精密度和准确度以及强选择性、广泛的分析范围等。其检测对象是食物样品中呈原子状态的微量元素，待测元素灯发出的特征光谱通过经原子化样品蒸气时，被待测元素基态原子所吸收，通过测定辐射光强度减弱的程度，求出食品中待测微量元素的含量。

（2）电化学分析法。电化学分析中，常用的食品中微量元素含量的方法包括极谱法和离子选择电极法，优点主要体现在操作简便、分析速度快、灵敏度和准确度较高等方面，应用较为广泛。

### 10. 农药残留、兽药残留的检验

食品中农药残留和兽药残留的检验一般包括以下四个步骤：萃取、净化、浓缩、分析，其中前 3 个步骤是样品的前处理过程；分析常用的技术包括色谱法、免疫检测法、酶抑制法和生物传感器法等。现在常用的食品中检测前处理方法包括固相萃取、固相微萃取、基质固相分散萃取、超临界流体萃取和加速溶剂萃取等，这些方法检测快速、微型、环境友好[131]。具体如下。

（1）固相萃取法。固相萃取基于液-固色谱理论，利用固体吸附剂将液体样品中的目标化合物吸附，与样品的基质和干扰化合物分离，再利用洗脱液洗脱（也可选择吸附干扰杂质），实现组分离净化，现已经成为绿叶蔬菜、水果、乳品中农药残留检测前处理的基本方法。但目前该方法仍然存在一些不足：一是处理复杂样品时，有时会引起回收率的偏低，对目标物有吸

附作用；二是吸附剂选择性不强，提取液净化不完全，不能吸附某些基质，造成检测的基质效应明显。

（2）固相微萃取法。固相微萃取法不需溶剂，通过萃取头涂液对目标物进行吸附、解吸、分析，集萃取、纯化、浓缩为一体，解决了传统固相萃取的一些缺点，如油性物质或固体对吸附剂的堵塞等，同时缩短了分析时间，二次污染微小，广泛用于挥发性、半挥发性物质的富集和检测，包括在粮食、蔬菜、水果、饮料等各类食品中的应用。固相微萃取与固相萃取的不同之处在于微型化，首先将涂有聚合物的石英玻璃纤维放入样品溶液中，之后再把石英纤维置于检测仪器之上，在那里分析物解吸、分离、定量检测。固相微萃取可以分为顶空和直接浸入两种类型。顶空法可以避免基质的影响，具有简便、快速、高效率的优点。但该方法纤维萃取针头寿命短，纤维上吸附一些杂质以后，难以清除，对结果的准确性有一定的影响，自动化程度低、目标化合物的回收率和精密度都低于液-液萃取。

（3）基质固相分散萃取法。基质固相分散萃取集传统的样品前处理中的均化、提取、净化等过程为一体，避免了样品均化、沉淀、离心、转溶、乳化、浓缩等造成的目标分析物的损失，具有简便、灵活、快速、低耗等优点，已被广泛应用于药物、农药、食品、动植物样品的分析。目前该方法已发展成一系列针对不同基质的方法，是一种发展潜力很大的处理方法，也是目前水果、蔬菜等产品农药残留检测最常见的前处理方法。

（4）液相微萃取法。液相微萃取在食品安全领域常被用来处理水分含量比较大的水果、酒类等，和传统的液-液萃取相比，液相微萃取法是一种成本低、有机溶剂用量少、环境友好的样品前处理新技术，在食品安全领域得到了广泛的应用。液相微萃取可同时平行萃取多个样品，且净化效率高。

（5）凝胶渗透色谱法。凝胶渗透色谱法利用多孔物质依据不同组分的分子大小和形状不同进行分离、萃取和净化，特别适用于将小分子化合物从大分子化合物中分离出来。其使用范围广、重现性好、可以重复利用柱子且自动化程度高，适用于多类食品提取液的净化，尤其对脂类和色素含量高的食品样品净化效果明显，已经逐渐成为除去食品中脂肪等必用的方法。主要缺点是大分子的分析物会随着脂类干扰物提前流出，而小分子的干扰物会被夹带洗脱到分析物中，回收率受到影响；采用大内径柱时，有机溶剂消耗量大，净化时间长。

（6）其他处理方法。除了以上五种常用的前处理方法，还有一些其他的处理方法，如超临界流体萃取法、加速溶剂萃取法、微波辅助萃取法、超声波萃取法等。随着近年来在食品行业出现的越来越多的农药残留问题，以及由此而引发的人体健康、贸易壁垒、环境污染等诸多问题，使人们对食品中农药残留问题越来越重视，各种新型的农药残留检测方法不断出现，主要体现在新的前处理手段和新的分析仪器上，毫无疑问，前处理方法是至关重要的一步。传统的食品中农药残留提取方法样品需要量大、萃取时间长、有机溶剂量消耗大、花费大、无法满足快速、准确的分析要求。近年来，许多新型前处理方法快速发展，极大地提高了农药残留检测的效率。

**11. 食品微生物的检验**

目前，主要对两方面进行食品微生物的检测：食品污染程度指示菌的检验和食品中致病菌的检验[111]。

（1）食品污染程度指示菌的检验。菌落总数是衡量食品和生活饮用水污染程度的重要指标，对食品以及生活饮用水检验时要在一定条件下对样品进行处理和培养后检验出菌落个数。大肠杆菌群是指一群在 37℃ 培养 24 小时后能发酵乳糖、产气、产配，需氧或兼性厌氧的革兰氏阴性无芽孢杆菌。这种菌群来源于人畜粪便，所以当前采用粪便污染指数菌来表示生活饮用水及食品的卫生质量。

（2）食品中致病菌的检测。近年来，伴随着科学技术的快速发展，原本采用的琼脂平板培养法对微生物的检测已逐渐完善。大多数学者经过多年的实验研究对此方法进行了改良，将更多的检验方法运用到检验工作之中，原来这种对样品的培养方法需要 1~2 天才可完成，这些新检验方法的运用大大减少了培养时间，提高了微生物检验水平，保证了检验的可靠性和高效性。由于这些快速检验技术的应用，促进了食品检验行业的快速发展。

目前，比较常用的检验方法包括以下几种。

（1）电阻抗法。电阻抗法主要应用于对霉菌和大肠杆菌的检测。因为在细菌的培养过程中，培养基生长期间会分解电惰性物质，该物质能够代谢为电活性的小分子，小分子在游离的过程中能够增加导电性，从而能够改变阻抗，所以培养的过程之中，通过电阻抗的变化能够判定培养基中的细菌生长状况。

（2）快速酶触反应及代谢产物的检测。食品中细菌处于高度繁殖的状态，在这一过程中会有一些特定的霉进行合成释放。这一过程中采用相关的底物和指示剂与霉菌进行反应。快速地记录下检测结果，能够从检测结果中分析出细菌总数。

（3）分子生物学技术。分子生物学技术中分为酶链式反应技术和核酸探针技术，这两种技术都能够有效准确地检测到细菌的繁殖情况。

（4）免疫学检测技术对细菌抗原抗体进行检测。目前主要有三种技术方法。① 荧光抗体检测技术。这项技术主要有直接荧光抗体检测法和间接检测法，直接荧光抗体检测法是指在检测样本上滴加已知的特异性荧光标记抗血清，经过洗涤后在荧光显微镜下观察检测结果；间接检测法是在检样之上滴加已知细菌特异性抗血清，待作用后经洗涤，将荧光标记的抗体加入后，用荧光显微镜观察结果。② 免疫酶技术。免疫酶技术是将抗原抗体特异性反应和酶高效催化作用的原理相结合，是一种新兴的实用性免疫学分析技术，运用共价结合使酶与抗原抗体结合，形成酶抗原或抗体；或运用免疫方法使酶和酶抗体结合，合成酶抗体复合物。③ 免疫磁珠分离法。免疫磁珠分离法就是应用抗体包被的免疫磁珠，用一个磁场装置收集铁珠。

# 第五节　我国食品安全检验的发展现状

## 一、我国食品安全检测体系存在的问题

我国食品安全检验监测体系虽然已经有雏形，但仍然存在很多问题[132-135]。

1. 食品安全检验监管体系不足

我国部分食品安全检验检测体系由多个部门组成，但各部门联系不够，无法构成健全的体系。检验标准是约束生产的准则，统一严格的标准是生产合格产品的前提。当前，我国食品安全检测标准并不完善，食品检测标准包含国家标准、行业标准、地方标准与企业标准。同时，这种不协调的机制，造成食品加工生产者陷入质量标准、质检标准等多个标准的矛盾中，政府部门在食品监管中也陷入尴尬境地。

检测方式主要有突击检查或者任务检查等，并没有做到日常化和制度化。检测重点仍然以餐饮食品为主，对其源头和过程的检测不足，从而导致

餐饮行业采用的食材不合标准。各部门制定的食品安全检验检测制度存在空白和矛盾之处，难以做到标准和内容上的和谐统一，可操作性较差。随着时代发展，食品加工工艺发生剧变，这就要求对食品检测标准加强更新，但是该标准更新力度不够，没有合理制定、执行和监管。

法律责任是法律制度实施的坚强后盾与保障，没有完善的法律责任体系就会导致违法成本过低等不良后果的发生，导致人们不遵守法律规章的现象产生。在食品检测方面，法律法规也有涉及。但是，我国食品安全检测实行区域管理，检测体系不严格，相关处罚条例并未执行到位，处罚措施不当，造成食品生产商对处罚条例警觉性不强。

2. 技术支撑较为缺乏

我国在食品安全检测方面的技术落后，主要表现在两个方面：一方面是检测设备更新缓慢，无法满足需求，因资金问题，检测机构无法对检验设备及时更新换代；另一方面，检测技术更新较慢，面对食品中越来越多的新型危害成分，需要先进科学的检测技术。要想强化食品安全检验检测体系，技术支撑是重要基础。但是我国检验检测机构的资源配置存在着两极分化情况，国家级和省级单位具有很强的技术检测水平和先进的设施，而区县级单位的检测机构数量和设备都难以满足实际需求，设备维护更新不足，缺乏专业人才，检测的结果仅能用为参考，法定性和权威性不足。此外，食品生产加工企业缺乏自我检测能力，设备和试剂利用率不高，存在应付检查和储存不当导致试剂设备过期等情况。

3. 服务意识不足

服务意识对于食品安全检验检测体系非常重要。所谓食品检测服务主要是应用相关仪器和试剂来检测食品是否存在不良因子，食品中的添加剂是否符合规范，保健食品中有效成分是否足够等，从生产到食用等各个环节来提供食品安全检测及咨询服务。我国很多食品安全检验检测机构大多是为政府服务的，根据行政执法部门监管目的进行工作，检测项目指向性较强。就食品生产加工等技术支持而言，自愿有偿地为社会提供检测服务方面却明显做得不够。

4. 行业之间信息共享不够

完善食品安全检验检测体系，必须重视好各行业之间的信息共享工作，从而为食品安检提供丰富的网络数据。现如今我国很多地区建立了针对食品安全监管的信息档案网络系统。然而这些系统都是为卫生计生局以及食药监局的内部监管人员使用，行业间分享不够，各级食品安全监管信息没有在社会公开，公众无法掌握，损害了公众对食品信息的监督权和知情权。此外，该网络信息系统中的主要内容是日常监督量化评分、年度评级以及行政许可审批等，而检测数据内容几乎没有。食品生产和加工过程中违规行为也没有有效记录。

## 二、原因分析

### 1. 没有完善的组织结构设置

政府部门检测机构太过分散，没有形成合力，联系不足。无论是实验室、检测站还是检测中心，他们都是监管局中的某个科室或者部门，并没有有效地独立出来。缺乏能够分配工作、处理人事以及管理绩效的办公室，他们的工作内容只是满足其上级监督部门的实际需要，难以对检测计划自行制订。

### 2. 没有合理的设备配置方式

所谓食品质量安全检验仪器，是指根据国家相关标准并应用先进设备仪器，在可靠的检测环境下对食品安全进行科学检验。其涉及食品种植、养殖、加工、生产、运输及经营等各个阶段，包括检测、鉴定、评价等各个内容。我国国家和省级单位的各食品安全检验检测机构所配置的检测设备都较为昂贵，种类和检测范围都有一定的保障，然而因为我国检测设备研发水平较低，采用的大都是从国外进口的设备，导致我国检测机构的资金投入增加，我国食品安全监管也缺乏自主独立性。我国县区级食品安全检验检测机构的检测设备无论是数量、种类还是更新维护力度等都严重不足，检测技术和检测能力得不到保证，检测报告的法定效力不高。

### 3. 缺乏专业人才

目前我国食品种植、生产和技工技术都在持续更新，检测设备和方法也在不断改革和完善，这就需要从事食品安全检验检测的工作人员能够有先进的技术和知识。我国食品安全检验检测人员无论是素质还是专业程度都在不断提高，然而我国在对该类专业人才的培养过程中存在起步较晚的情况，人才规模较小，难以满足实际检测需要。我国现在仍然存在很多非专业人士在该方面任职的情况。此外，很多检验检测机构缺乏足够的资金，引进和培训人才实在困难，绩效提升平台渠道不足，对检测结构的技术水平以及资质认证步伐产生了重大影响[135]。

为解决我国食品安全检测体系存在的问题，应从以下几个方面入手[132-134]。

1. 建立完善的食品安全检验检测体系

通过健全食品安全检验检测体系，对食品安全检测加强网络化建设，使食品检测能够被强有力的监督和管理。政府部门应该建立一种具有开放式的食品安全检验检测制度，为食品安全检验检测的公开性和透明性提供保证。此外，需建立高效的竞争机制，使食品行业能够应用正确的方式来进行行业竞争。要彻底摆脱食品行业中出现的相关制约因素，持续提升食品安全检验检测技术水平，为食品检验检测提供指导和帮助，如此方可采用科学合理的技术手段来评价和判断食品安全质量，进而让消费者能够吃到放心的食品。

建立统一、高效的食品安全检测体系，对现有检验检测机构进行整合，解决机构职能重叠的矛盾。为建立高效权威的食品安全检验检测体系，必须对我国现有的检验检测机构进行整合。在充分发挥现有各部门及各地方已经建立的监测网络各自优势的基础上，通过条块结合的方式实现中央机构与地方机构之间、中央各部门之间、国内进出口食品安全检验检测机构之同的有效配合。

针对目前检验检测体系众多、部门分割的实际情况，原国家食品药品监督管理总局应就检验检测体系的分工进行协调，通过协调来明确各部门在检测环节上的分工和职责，解决在实际检测中出现的同题。农业部负责产地环境监测、农业投入品检测、初级农产品过程检测，并负责食品污染物检测及食源性疾病及危害检测；质检总局负责产品质量检测、动植物进出境检验检疫和进出境食品安全检验监测；工商部门负责相关秩序的维持工作。

2. 完善食品安全检验检测体系制度

在对当地食品进行检验检测时，不能仅使用单一的技术手段。食品安全检验检测人员要明确自己的责任，如果工作人员不能履行责任，要给予适当的处罚。要及时调整好引发出的制度问题，并对工作内容进行补充，使食品安全质量问题能够迅速解决。另外，要对食品安全检验检测机构的工作人员加强培训。完善食品行业的法律法规，促使食品行业实际操作能够规范化。

3. 为食品安全检验检测制定统一标准

食品安全事故之所以屡禁不止，这与各地区各机构在食品安全检验检测方面制定的标准差异有着重大的关系。因此，保证所有的食品安全检验检测工作能够有统一化的标准，对于费用要统一规定，从而保证食品安全检验检测能够有准确的结构。从以下方面制定统一的标准：① 卫生、农业、工商、质检等相关部门，共同开展对现行的国家、行业、地方与企业标准进行清理，解决标准质检的交叉、重复、矛盾等不合理的问题；② 对已经备案的企业产品标准进行清理，与国家法律法规、标准相矛盾的产品标准取消备案，逐步完善强制性、推荐性标准的合理定位。

建立具有动态化的评价机制，对食品安全检验检测体系进行完善，检测机构要形成绩效激励制度以及薪酬奖惩制度，并明确划分工作责任，如果出现问题，要及时找到相关责任人来承担责任，如此才能让食品安全检验检测工作得到保障。

4. 提升食品安全检测技术

食品安全检验检测的结果是否准确和食品检测技术是否科学有着重要的关系。我国应该学习西方的先进经验，并结合我国食品安全检验检测实际，完善我国食品安全检验检测技术。引进国际上先进的检验检测技术，建立一批我国在食品安全检验中迫切需要的，并拥有部分自主知识产权的快速筛选方法；在加强食品科学技求和食品检验监测方法研究中，国家应投入专项资金，改善我国实验室实验条件，并且要加强专业人员的业务提升工作，开展各类培训和学习活动，提高专业人员的素质，如在高校相关专业，完善人才培养模式，围绕产、学、研、用四个环节进行探索，完善课程体系建设，注重实践教学，培养实用型、创新型高素质人才；对于检测机构的从业人员加大培训，提升从业人员的专业知识，同时加强对人员的考核，督促从业人员更好地提高自身水平；检测机构要引进专业技术水平高的人员，增加团队活力，才能保证检测工作的顺利开展，进一步提升检测机构人员整体水平。

对食品安全检验检测加强监督，制定相关的规范标准来对检测行为进行约束。此外，检测机构要加大对先进技术研发的资金投入，鼓励检验检测人员积极研究，政府要设立研究经费，对于优秀成果要申请专利。增加对检测机构的财政投入，保障仪器设备及时更新。政府及相关部门应充分认识到食品安全检测的重要性，增加财政投入，保障检测机构拥有足够的资金购买检测设备，提供良好的条件保障研究人员专心研发，能够创新出符合时代需要的检测技术。

# 参 考 文 献

［1］李名梁. 我国食品安全问题研究综述及展望［J］. 西北农林科技大学学报（社会科学版），2013，13（03）：46－52.

［2］张志勋. 系统论视角下的食品安全法律治理研究［J］. 法学论坛，2015，30（01）：99－105.

［3］刘佳怡. 食品安全管理与法规监管保障体系浅析［J］. 法制博览，2017（24）：178－179.

［4］张曼，唐晓纯，普蓂喆，等. 食品安全社会共治：企业、政府与第三方监管力量［J］. 食品科学，2014，35（13）：286－292.

［5］周开国，杨海生，伍颖华. 食品安全监督机制研究——媒体、资本市场与政府协同治理［J］. 经济研究，2016，51（09）：58－72.

［6］钟筱红. 我国进口食品安全监管立法之不足及其完善［J］. 法学论坛，2015，30（03）：148－153.

［7］余焕玲，张卫民. 食品安全概念解析及食品安全保障体系的建立［J］. 卫生职业教育，2016，34（07）：140－142.

［8］周应恒，王二朋. 中国食品安全监管：一个总体框架［J］. 改革，2013（04）：19－28.

［9］唐晓纯. 国家食品安全风险监测评估与预警体系建设及其问题思考［J］. 食品科学，2013，34（15）：342－348.

［10］付文丽，陶婉亭，李宁. 借鉴国际经验完善我国食品安全风险监测制度的探讨［J］. 中国食品卫生杂志，2015，27（03）：271－276.

［11］李宁，杨大进，郭云昌，等. 我国食品安全风险监测制度与落实现状分析［J］. 中国食品学报，2011，11（03）：5－8.

［12］张卫民，裴晓燕，蒋定国，等. 国家食品安全风险监测管理体系现状与发展对策探讨［J］. 中国食品卫生杂志，2015，27（05）：550－552.

［13］韦宁凯. 食品安全风险监测和风险评估［J］. 铜陵职业技术学院学报，2009，8（02）：32－36.

［14］朱淀，洪小娟. 2006—2012 年间中国食品安全风险评估与风险特征研究［J］. 中国农村观察，2014（02）：49－59，94.

［15］陈佳维，李保忠. 中国食品安全标准体系的问题及对策［J］. 食品科学，2014，35（09）：334－338.

［16］龙红，梅灿辉. 我国食品安全预警体系和溯源体系发展现状及建议［J］. 现代食品科技，2012，28（09）：1256－1261.

［17］罗艳，谭红，何锦林，等. 我国食品安全预警体系的现状、问题和对策［J］. 食品工程，2010（04）：3－5，9.

［18］王昀，徐杰. 食品检验检测体系存在的问题及完善对策［J］. 中国高新技术企业，2016（13）：190－191.

［19］乔东. 关于完善我国食品检验检测体系建设的思考［J］. 食品与发酵工业，2005（06）：64－67.

［20］范柏乃，喻晓，张骞. 食品安全检验检测体系建构与政府行为分析［J］. 行政与法，2008（10）：1－3.

［21］宋臻鹏，付云. 浅谈我国食品安全现状与食品安全风险监测体系［J］. 中国卫生检验杂志，2017（8）：1212－1213.

［22］梁春穗，罗建波. 食品安全风险监测工作手册［M］. 中国质检出版社中国标准出版社，2012.

［23］Wang H, Zheng P, Pan H. Study on the food safety risk monitoring and precaution system［J］. Chinese Journal of Health Inspection, 2010.

［24］黄志强. 食品中农药残留检测指南［M］. 北京：中国标准出版社，2010.

［25］王菁，李崇光. 食品安全风险监测的内涵、作用与相关建议［J］. 中国食物与营养，2011，17（1）：10－13.

［26］Liu X Y. View of building China's food safety risk monitoring and early warning system［J］. Food Engineering, 2009.

［27］张云华. 食品安全保障机制研究［M］. 北京：中国水利水电出版社，2007.

［28］吴孝槐. 流通环节食品安全风险监测工作初探［J］. 中国市场监管研究，2009（11）：23－24.

［29］李聪. 食品安全监测与预警系统［M］. 北京：化学工业出版社，2006.

［30］苏亮，任鹏程，任雪琼，等. 食品安全风险监测信息化浅析［J］. 中国食品卫生杂志，2013，25（6）：533－535.

［31］范正轩，范晖. 论医疗机构的食品安全风险监测工作［J］. 职业与健康，2011，27（7）：822－823.

[32] 苏婷婷，孙长华，任瑞，等. 哨点医院食品安全风险监测工作中的问题研究 [J]. 中国卫生产业，2017，14（8）：48－49.

[33] 赵仲堂. 流行病学研究方法与应用 [M]. 北京：科学出版社，2000.

[34] 蒋定国，李宁，杨杰，等. 2010 年我国食品化学污染物风险监测概况、存在问题及建议 [J]. 中国食品卫生杂志，2012，24（3）：259－264.

[35] Liu Q J，Chen T，Zhang J H，et al. Risk Matrix-based Risk Monitoring Model of Food Safety [J]. Food Science，2010.

[36] 戴伟，吴勇卫，隋海霞. 论中国食品安全风险监测和评估工作的形势和任务 [J]. 中国食品卫生杂志，2010，22（1）：46－49.

[37] Peng M. On the Problems and Countermeasures of Carrying out the Work of Food Safety Risk Monitoring at Present — Illustrated by the Case of Food Quality Inspection Centre of Fujian [J]. Quality & Technical Supervision Research，2010.

[38] 肖辉，肖革新. 食品安全风险监测与信息化体系建设 [M]. 北京：中国人口出版社，2015.

[39] 刘晓毅，石维妮，刘小力，等. 浅谈构建我国食品安全风险监测与预警体系的认识 [J]. 食品工程，2009（2）：3－5.

[40] 杨大进，李宁. 2014 国家食品污染和有害因素风险监测工作手册 [M]. 北京：中国标准出版社，2014.

[41] 戴伟，吴勇卫，隋海霞. 论中国食品安全风险监测和评估工作的形势和任务 [J]. 中国食品卫生杂志，2010，22（1）：46－49.

[42] 李国星. 食品安全质量控制与风险监测 [M]. 吉林：吉林大学出版社，2013.

[43] 石阶平. 食品安全风险评估 [M]. 北京：中国农业大学出版社，2010.

[44] WHO. Food safety risk analysis. A guide for national food safety authorities [J]. FAO Food & Nutrition Paper，2006，87（6）.

[45] 中华人民共和国国家卫生和计划生育委员会. GB 2760—2014 食品安全国家标准食品添加剂使用标准 [S]. 北京：中国标准出版社，2014.

[46] 郝记明，马丽艳，李景明. 食品安全问题及其控制食品安全的措施 [J]. 食品与发酵工业，2004，30（2）：118－122.

[47] WHO. Codex Alimentarius Commission：procedural manual [J]. Journal of the American Oil Chemists' Society，1981，58（3）：232－234.

[48] 徐娇，邵兵. 试论食品安全风险评估制度 [J]. 中国卫生监督杂志，2011，18（4）：342－350.

[49] 方积乾. 卫生统计学 [M]. 7 版. 北京：人民卫生出版社，2012.

［50］李立明. 流行病学［M］. 4版. 北京：人民卫生出版社，1999.

［51］李寿祺. 毒理学原理与方法［M］. 四川：四川大学出版社，2003.

［52］何诚. 实验动物学［M］. 北京：中国农业大学出版社，2006.

［53］Barlow S, Dybing E, Edler L, et al. Food safety in Europe (FOSIE)：risk assessment of chemicals in food and diet［J］. Food & Chemical Toxicology, 2002, 40.

［54］杨杏芬. 食品安全风险评估——毒理学原理、方法及应用［M］. 北京：化学工业出版社，2017：80－100.

［55］Russell W. Principles of Humane Experimental Techniques［M］. Michigan：Methuen, 1959.

［56］王连生，韩朔睽. 有机物定量结构-活性相关［M］. 北京：中国环境科学出版社，1993.

［57］ECETOC. Risk assessment for carcinogens［R］. European Centre for Ecotoxicology & Toxicology of Chemicals, 1996.

［58］王萍. 食品安全风险评估——风险特征描述［J］. 华南预防医学，2013（5）：89－91.

［59］刘秀梅. 食品中微生物危害风险特征描述指南［M］. 北京：人民卫生出版社，2011.

［60］Vainio H, Magee P, McGregor D, et al. Mechanisms of Carcinogenesis in Risk Identification (IARC Scientific Publications No. 116)［R］. IARC, 1992.

［61］美网环境保护署. 暴露评估指南［M］. 北京：中国质检出版社，2014.

［62］李清春，张景强. 预测微生物学——风险评估［J］. 肉类研究，2001，1（1）：18－20.

［63］陈伟生，姜艳彬，王海. 美国农业部风险评估案例分析——沙门氏菌［M］. 北京：北京科学出版社，2014.

［64］董庆利，高翠，郑丽敏，等. 冷却猪肉中气单胞菌的定量暴露评估［J］. 食品科学，2012，33（15）：24－27.

［65］王海梅，董庆利，朱江辉，等. 厨房中食源性致病菌交叉污染的研究进展［J］. 食品与发酵科技，2014，50（6）：16－21.

［66］柳增善. 食品病原微生物学［M］. 北京：中国轻工业出版社，2007.

［67］董庆利，刘阳泰，苏亮，等. 食源性致病菌单细胞观测与预测的研究进展［J］. 农业机械学报，2015，46（11）：221－229.

［68］董庆利. 食品预测微生物学——过去现在将来［J］. 农产品加工，2009（3）：38－41.

［69］OMS. Application of risk analysis to food standards issues：report of a joint FAO/WHO Expert Consultation［J］. Contaminação De Alimentos, 1995.

［70］国家食品安全风险评估专家委员会. 中国居民膳食铝暴露风险评估［R］. 国家食品安全风险评估专家委员会，2012.

［71］国家食品安全风险评估中心. 中国居民反式脂肪酸膳食摄入水平及其风险评估报告摘要［J］. 食品安全导刊，2013（8）：22－24.

［72］陈素云. 风险控制与食品质量安全［J］. 财贸研究，2016，27（05）：118－124.

［73］李淑华. 从美国的食品安全监管看我国的食品安全风险控制［J］. 华北科技学院学报，2012，9（04）：60－63.

［74］作者不详. 国务院印发《"十三五"国家食品安全规划》［J］. 中国食品学报，2017，17（02）：68.

［75］毛婷，姜洁，路勇. "十三五"期间食品安全监管技术支撑体系研究重点领域建议［J］. 食品科学，2018，39（11）：302－308.

［76］庞村. 构建投诉举报体系 守护食品药品安全 投诉举报工作纳入食品药品"十三五"规划［J］. 中国食品药品监管，2017（04）：8－9.

［77］袁飞. 推进食品药品"智慧监管"工作的思考［J］. 中国食品药品监管，2018（04）：13－14.

［78］张卫民，陈艳，崔旸，等. 北京"十三五"时期食品安全关键技术及实现路径研究［J］. 食品安全质量检测学报，2017，8（02）：674－678.

［79］赵茜茜，陈艳，何涛，等. 北京"十三五"时期食品安全智慧监管科技保障体系［J］. 食品安全质量检测学报，2017，8（02）：679－682.

［80］作者不详. 国务院印发"十三五"国家食品和药品安全规划——让人民群众饮食用药安全无忧［J］. 中国食品药品监管，2017（02）：8.

［81］王颖. 食品质量安全检测与控制技术评价体系构建分析［J/OL］. 科技资讯：1－2.

［82］李太平，李佳睿. 中国东中西部六省市食品安全状况比较［J/OL］. 中国公共卫生：1－3.

［83］段祺华. 我国食品安全保障存在的问题及对策建议［J］. 北方经贸，2018（08）：59－61.

［84］郭华麟，韩国全，蒋玉涵，等. 加拿大食品安全监管体系与启示［J］. 检验检疫学刊，2018，28（04）：51－55.

［85］吴澎，赵丽芹. 食品法律法规与标准［M］. 北京：化学工业出版社，2009.

［86］《中华人民共和国食品安全法》编写小组. 中华人民共和国食品安全法实用问答［M］. 北京：中国市场出版社，2009.

［87］《中华人民共和国食品安全法》编写小组. 中华人民共和国食品安全法释义及实用指南［M］. 北京：中国市场出版社，2009.

［88］冀玮，明星星. 食品安全法实务精解与案例指引 ［M］. 北京：中国法制出版社，2016.

［89］王大宁. 食品安全风险分析指南 ［M］. 北京：中国标准出版社，2004.

［90］张志健. 食品安全导论 ［M］. 北京：化学工业出版社，2009.

［91］刘少伟，鲁茂林. 食品标准与法规 ［M］. 北京：中国纺织出版社，2013.

［92］赵学刚. 食品安全监管研究 ［M］. 北京：人民出版社，2014.

［93］陶骏昌，陈凯，杨汭华. 农业预警概论 ［M］. 北京：北京农业大学出版社，1994.

［94］佘从国，席西民. 我国企业预警研究理论综述 ［J］. 预测，2003（2）：23 - 29.

［95］余学军. "互联网＋"时代食品安全智慧监管策略研究 ［J］. 食品工业，2018，39（08）：244 - 246.

［96］张云华. 食品安全保障机制研究 ［M］. 北京：中国水利水电出版社，2007.

［97］宋怿. 食品风险分析理论与实践 ［M］. 北京：中国标准出版社，2005.

［98］张会亮，曹进，陈巧玲，等. 科技创新在食品安全综合监管科学中的应用 ［J］. 食品安全质量检测学报，2018，9（14）：3841 - 3845.

［99］麦秋梅. 浅谈食品安全风险预警和防控的重要性 ［J］. 轻工科技，2018，34（07）：28 - 29.

［100］何福. 以信息化手段构建食品安全治理新体系 ［J］. 中国市场监管研究，2018（06）：14 - 18.

［101］耿传雷. 加强风险交流 保障食品安全 ［J］. 现代食品，2018（07）：66 - 68.

［102］代文彬，狄琳娜，纪巍. 国外食品安全风险交流研究成果梳理与前瞻：从企业的视角 ［J］. 世界农业，2018（04）：10 - 16，195.

［103］陈通，青平，涂铭. 论断确定性对食品安全风险交流效果的影响研究 ［J］. 管理学报，2018，15（04）：577 - 585.

［104］李长健，张天雅. 欧美食品安全风险交流制度经验及其启示 ［J］. 食品与机械，2018，34（02）：79 - 82.

［105］许静，罗晓月，刘时雨，等. 风险交流视角下的食品安全标准相关媒体报道分析 ［J］. 中国食品卫生杂志，2018，30（01）：99 - 103.

［106］叶舟舟，许晓岚，生吉萍，等. 公众对食品安全风险预警信息的信任水平与影响因素研究 ［J］. 农产品质量与安全，2018（04）：40 - 45.

［107］杨中花. 食品安全风险监测和预警工作要点探讨 ［J］. 食品安全导刊，2018（15）：37，48.

［108］樊桂红. 风险管理在食品生产监管中的应用 ［J］. 食品工程，2018（01）：3 - 5，33.

[109] 许安炳. 食品安全危机预警机制的构建 [J]. 食品安全导刊，2018（09）：28.

[110] 肖良. 食品检验机构资质认定为食品安全把关 [J]. 认证技术，2011（09）：36－37.

[111] 王云国，李怀燕. 食品微生物检验内容及检测技术 [J]. 粮油食品科技，2010，18（03）：40－43.

[112] 张铭华. 食品检验人如何面对新形势下的机遇与挑战 [J]. 现代测量与实验室管理，2013，21（02）：43－44.

[113] 李伟. 我国食品安全检验制度问题研究 [D]. 西北大学，2015.

[114] 康牧旭. 食品安全监督抽检中的复检制度 [J]. 现代食品，2017（07）：10－12.

[115] 林海萍. 食品安全监督抽检与复检制度中存在的问题及优化措施 [J]. 现代食品，2018（07）：78－80.

[116] 姜怡. 认证认可与食品检验机构发展的研究 [J]. 食品工业，2017，38（12）：226－227.

[117] 农志荣，黄卫萍，陆建林，等. 食品感官与物理检验在食品质量优劣现场监测中的应用 [J]. 食品研究与开发，2008（10）：157－159.

[118] 张辉，贾敬敦，王文月，等. 国内食品添加剂研究进展及发展趋势 [J]. 食品与生物技术学报，2016，35（03）：225－233.

[119] 陈云志，李悦梅. 高效液相色谱法在食品添加剂检验中的应用 [J]. 食品安全导刊，2017（24）：69.

[120] 冯国霞. 食品中微量元素的现代检验方法探讨 [J]. 电子制作，2014（06）：270.

[121] 满燕，梁刚，靳欣欣，等. 生物传感技术在食品农药残留检测中的应用 [J]. 食品安全质量检测学报，2016，7（09）：3431－3441.

[122] 张金铎，姚鹏程，王宝庆，等. 我国食品安全检验检测体系问题及对策研究 [J]. 食品安全导刊，2018（09）：117.

[123] 王昀，徐杰. 食品检验检测体系存在的问题及完善对策 [J]. 中国高新技术企业，2016（13）：190－191.

[124] 刘学梅. 我国食品安全检测体系中存在的问题及对策研究 [J]. 现代食品，2016（03）：37－38.

[125] 张铭钰. 我国食品安全检测体系中存在的问题及其分析 [J]. 轻工标准与质量，2015（04）：26，46.

# 内容提要

*abstract*

　　本书围绕食品安全风险监测、评估、控制、预警、检验等方面展开讨论，通过梳理这几方面的政策及现阶段我国食品安全保障的发展进度，为进一步完善我国食品安全保障体系提供一定的思路。全书共分六章，第一章为导论，第二章介绍食品安全风险监测，第三章为食品安全风险评估，第四章为食品安全风险控制，第五章介绍食品安全风险预警，第六章介绍食品安全检验。

　　本书可供从事食品安全研究的政府、高校、研究机构的专业人员借鉴学习，也可作为高等院校法学相关专业的参考用书。